高等职业教育智能制造技术专业群系列规划教材

GONGYE JIQIREN

YINGYONG JICHU

工业机器人

应用基础

■ 主　编　霍淑珍　郭湘君
　副主编　李　卉　许衍泽　郭延昱
　主　审　羊荣金

 大连理工大学出版社

图书在版编目(CIP)数据

工业机器人应用基础 / 霍淑珍,郭湘君主编. -- 大连 : 大连理工大学出版社, 2024.8
ISBN 978-7-5685-3504-5

Ⅰ.①工… Ⅱ.①霍… ②郭… Ⅲ.①工业机器人
Ⅳ.①TP242.2

中国版本图书馆 CIP 数据核字(2021)第 252745 号

大连理工大学出版社出版
地址:大连市软件园路 80 号　邮政编码:116023
发行:0411-84708842　邮购:0411-84708943　传真:0411-84701466
E-mail:dutp@dutp.cn　URL:https://www.dutp.cn
大连天骄彩色印刷有限公司印刷　　　　　　大连理工大学出版社发行

幅面尺寸:185mm×260mm　　　　　印张:11.25　　　　　字数:260千字
2024 年 8 月第 1 版　　　　　　　　　　　　　　2024 年 8 月第 1 次印刷

责任编辑:刘　芸　　　　　　　　　　　　　　责任校对:吴媛媛
封面设计:方　茜

ISBN 978-7-5685-3504-5　　　　　　　　　　定　价:47.80元

前　言

生产力的不断进步推动了科技的进步与革新,在新一轮科技革命和产业变革的浪潮下,新一代人工智能带动智能制造产业飞速发展。全球诸多国家近半个世纪的工业机器人应用实践表明,工业机器人的普及是推动智能制造产业飞速发展的重要手段。为适应产业发展对人才培养提出的新要求,我国职业院校纷纷开设了工业机器人应用领域的相关专业(方向),其中工业机器人技术应用课程是必不可少的。

KUKA工业机器人作为全球领先的工业机器人之一,具有本体刚度好、运动精度高、应用领域广等显著优势,在国内具有较高的市场占有率。本教材以KUKA工业机器人为对象,依据现代企业对工业机器人应用领域的技能要求,对接职业标准和专业简介,精心设计了认识工业机器人及其工作站、工业机器人基本操作、工业机器人操作及编程等三个项目,选用工业机器人轨迹、搬运、码垛、出入库及装配等典型工作任务及工作过程知识作为教材主体内容,引领知识的技能逐层递进。每个任务由"任务说明""知识储备""任务实施""任务拓展""练习与思考"等部分组成,按照"以学生为中心、以学习成果为导向、促进自主学习"的思路进行开发设计,力求打造活页式教材所要求的引导性、过程性、功能性、专业性、综合性等特质。

本教材全面贯彻落实党的二十大精神,坚持以习近平新时代中国特色社会主义思想为指导,全面落实立德树人根本任务,将专业技能、企业文化、职业素养等有机结合,在每个项目的"素质目标"中明确思政方向,通过"任务说明"中的素质要求及"素养提升"思政案例,让学生认识到个人素质与职业发展的紧密联系,理解团队合作的重要性,具备解决复杂问题的能力,同时培养爱国情怀、民族精神、时代精神、安全意识及精益求精的工匠精神,激发对未知领域的探索热情。

本教材由天津市职业大学霍淑珍、郭湘君任主编,天津市职业大学李卉、许衍泽及中国大冢制药有限公司郭延昱任副主编。具体编写分工如下:项目一由郭延昱编写;项目二由霍淑珍编写;项目三的任务一、任务二由李卉编写;项目三的任务三、任务四由郭湘君编写;项目三的任务五由许衍泽编写。杭州科技职业技术学院羊荣金审阅了全书并提出了许多宝贵的意见和建议,在此表示衷心的感谢!

在编写本教材的过程中,我们参考、引用和改编了国内外出版物中的相关资料及网络资源,在此对这些资料的作者表示诚挚的谢意。请相关著作权人看到本教材后与出版社联系,出版社将按照相关法律的规定支付稿酬。

尽管我们在教材特色的建设方面做出了许多努力,但由于水平有限,教材中仍可能存在一些不足之处,恳请各教学单位和读者在使用本教材时多提宝贵意见,以便下次修订时改进。

编　者

所有意见和建议请发往:dutpgz@163.com

欢迎访问职教数字化服务平台:https://www.dutp.cn/sve/

联系电话:0411-84708979　84707424

目　录

本书配套数字资源

序号	资源名称	资源类型	对应页码
1	工业机器人的发展史	拓展阅读	2
2	工业机器人系统的组成	微课	6
3	工业机器人的机械系统	微课	7
4	RV减速器	三维动画	8
5	谐波减速器(1)	三维动画	8
6	谐波减速器(2)	三维动画	8
7	机器人产业的快速发展	拓展阅读	19
8	各轴运动范围	三维动画	21
9	KUKA工业机器人示教器	微课	27
10	差之毫厘,谬以千里	拓展阅读	32
11	KUKA工业机器人各坐标系下轴的运动	微课	34
12	零点标定,不忘初心	拓展阅读	38
13	谨记经"点",描绘蓝图	拓展阅读	56
14	KUKA工业机器人的程序管理	微课	56
15	工业机器人基础运动方式	微课	62
16	运动规划(1)	虚拟仿真	66
17	坚定科技报国的决心	拓展阅读	83
18	体现"中国速度",秉承工匠精神	拓展阅读	102
19	运动规划(2)	虚拟仿真	104
20	编程解析	虚拟仿真	122
21	不断超越,实现完美出入库	拓展阅读	123
22	科技创新转换发展动力	拓展阅读	155

项目一

认识工业机器人及其工作站

▶ **知识目标**

- 掌握工业机器人的定义。
- 了解工业机器人的产生和发展。
- 熟知工业机器人工作站的组成。
- 熟知工业机器人工作站各组成部分的功能。
- 熟知工业机器人工作站的相关技术参数。

▶ **能力目标**

- 明确工业机器人系统的组成部分。
- 能评价工业机器人的性能。
- 明确工业机器人工作站系统的组成及功能。

▶ **素质目标**

- 通过了解工业机器人的驱动系统,培养安全责任意识。
- 通过了解工业机器人的发展史,增强文化自信。
- 通过了解国产机器人技术突飞猛进的现状,增强民族自豪感。

任务一　认识工业机器人

任务说明

本任务的说明见表1-1。

表1-1 任务说明(1)

任务描述	掌握工业机器人的定义,了解工业机器人的产生、各国的发展情况以及目前一些先进机器人的应用;了解工业机器人的主要类型、系统组成以及功能和性能
职业技能(能力)要求	
行为	(1)了解工业机器人系统的组成 (2)认识工业机器人 (3)掌握工业机器人的性能指标
条件	工业机器人应用领域一体化教学创新平台(BNRT-IRAP-KR4)
知识 技能 素质	(1)熟知工业机器人安全操作规范 (2)掌握工业机器人机械本体的结构 (3)掌握工业机器人驱动系统的分类与特点 (4)了解控制器的组成及作用 (5)了解示教器界面的功能 (6)了解工业机器人的分类、型号及应用领域 (7)了解工业机器人的性能指标 (8)了解工业机器人的发展史,增强文化自信(扫码学习)
成果	(1)熟知工业机器人系统的组成 (2)掌握工业机器人的结构及分类 (3)打牢工业机器人的编程操作基础

拓展阅读

知识储备

一　工业机器人的定义

国际上对工业机器人的定义有很多。

美国机器人协会(RIA)对工业机器人的定义:"工业机器人是用来搬运材料、零部件、工具等的可再编程的多功能机械手,或通过不同程序的调用来完成各种工作任务的特种装置。"

日本机器人协会(JARA)对工业机器人的定义:"工业机器人是一种装备有记忆装置和末端执行器的,能够转动并通过自动完成各种移动来代替人类劳动的通用机器。"

在国标《机器人与机器人装备　词汇》(GB/T 12643—2013)中,工业机器人被定义为"一种自动定位控制,可重复编程的、多功能的、多自由度的操作机",操作机被定义为"具有和人手臂相似的动作功能,可在空间抓取物体或进行其他操作的机械装置"。

国际标准化组织(ISO)在1984年对工业机器人的定义:"工业机器人是一种自动的、位置可控的、具有编程能力的多功能机械手,这种机械手具有几个轴,能够借助于可编程的操作来处理各种材料、零件、工具和专用装置,以执行各种任务。"

二　工业机器人的特点

1.可编程

生产自动化的进一步发展是柔性自动化。工业机器人可随其工作环境变化的需要而进行再编程,因此它在小批量、多品种且具有均衡高效率的柔性制造过程中能发挥很好的作用,是柔性制造系统中的一个重要组成部分。

2.拟人化

工业机器人在机械结构上有类似人的行走、腰转、大臂、小臂、手腕、手爪等部分,在控制上有计算机。此外,智能化工业机器人还有许多类似人类的生物传感器,如皮肤型接触传感器、力传感器、负载传感器、视觉传感器、声觉传感器、语音功能传感器等。

3.通用性

除了专门设计的专用工业机器人外,一般工业机器人在执行不同的作业任务时具有较好的通用性。例如,更换工业机器人手部的末端执行器(手爪、工具等)便可执行不同的作业任务。

4.机电一体化

第三代智能机器人不仅具有获取外部环境信息的各种传感器,还具有记忆能力、语言理解能力、图像识别能力、推理判断能力等人工智能,这些都是微电子技术的应用,与计算机技术的应用密切相关。工业机器人与自动化成套技术集中并融合了多个学科的内容,涉及多个技术领域,包括工业机器人控制技术、机器人动力学及仿真、机器人构建有限元分析、激光加工技术、模块化程序设计、智能测量、建模加工一体化、工厂自动化及精细物流等先进制造技术,综合性较强。

三　工业机器人的应用

工业机器人是集机械、电子、控制、计算机、传感器、人工智能等多学科先进技术于一体的现代制造业中重要的自动化装备。当今世界近50%的工业机器人集中应用在汽车领域,主要进行搬运、码垛、焊接、涂装和装配等复杂作业。图1-1所示为工业机器人应用领域分布。

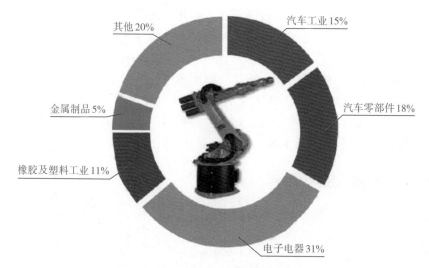

图1-1 工业机器人应用领域分布

1.搬运机器人

搬运作业指用一种设备握持工件,从一个加工位置移到另一个加工位置。搬运机器人可安装不同的末端执行器(如机械手爪、真空吸盘、电磁吸盘等),以完成各种不同形状和状态的工件搬运,大大减轻了人类繁重的体力劳动。通过编程控制,可以让多台机器人配合各个工序不同设备的工作时间,实现流水线作业的最优化。搬运机器人具有定位准确、工作节拍可调、工作空间大、性能优良、运行平稳、维修方便等特点。图1-2所示为搬运机器人。

图1-2 搬运机器人

2.码垛机器人

码垛机器人是机电一体化高新技术产品,它可满足中低量的生产需要,也可按照要求的编组方式和层数完成对料带、胶块、箱体等各种产品的码垛。机器人代替人工进行码垛操作,可提高企业的生产率和产量,减少人工搬运造成的错误。机器人码垛可全天候作业,由此每年能节约大量的人力成本,以达到减员增效的目的。码垛机器人广泛应用于电子、食品、医药、物流等生产企业,对纸箱、袋装、罐装、啤酒箱、瓶装等各种形状的包装成品都适用。图1-3所示为码垛机器人。

图1-3　码垛机器人

3.焊接机器人

焊接机器人的应用领域(如工程机械、汽车制造、电力建设、钢结构等)是目前工业机器人中最广泛的,它能在恶劣的环境下连续工作并能保证稳定的焊接质量,提高了工作效率,减小了工人的劳动强度。采用机器人焊接是焊接自动化的革命性进步,它突破了焊接刚性自动化(焊接专机)的传统方式,开拓了一种柔性自动化生产方式,实现了在一条焊接机器人生产线上同时自动生产若干种焊件。图1-4所示为焊接机器人。

图1-4　焊接机器人

4.涂装机器人

涂装机器人工作站或生产线充分利用了机器人灵活、稳定、高效的特点,适用于量大、产品型号多、表面形状不规则的工件外表面涂装,广泛应用于汽车整装、汽车零配件

（如发动机、保险杆、变速箱、弹簧、板簧、塑料件、驾驶室）、铁路（如客车、机车、油罐车）、家电（如电视机、电冰箱、洗衣机、电脑）、建材（如卫生陶瓷）、机械（如电动机减速器）等行业。

图1-5　涂装机器人

5.装配机器人

装配机器人是柔性自动化系统的核心设备,其末端执行器为适应不同的装配对象而设计成各种手爪,传感系统用于获取装配机器人与环境和装配对象之间相互作用的信息。与一般工业机器人相比,装配机器人具有精度高、柔顺性好、工作范围小、能与其他系统配套使用等特点,主要用于各种电器的制造及流水线产品的组装,具有高效、精确、可不间断工作的特点。

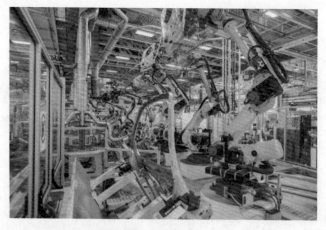

图1-6　装配机器人

四 工业机器人系统的组成

工业机器人系统由工业机器人、作业对象及环境三部分构成,其中包括工业机器人(一个或多个)、末端执行器(一个或多个)以及使机器人完成

工业机器人
系统的组成

任务所需的机械、外部设备、装置、外部辅助轴和传感器等,分为机械系统、驱动系统、控制系统和感知系统四大部分,如图1-7所示。

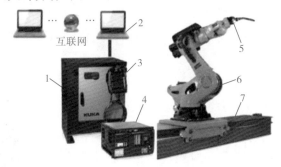

图1-7　工业机器人系统

1—驱动器;2—上级控制器;3—操作单元;4—控制器;5—末端执行器;6—本体;7—变位器

1.机械系统

机械系统包括机身、臂部、手腕、末端执行器和行走机构等部分,每一部分都有若干自由度,从而构成一个多自由度的机械系统。若机器人具有行走机构,则构成行走机器人;若机器人没有行走及腰转机构,则构成单机器人臂。末端执行器是直接装在手腕上的一个重要部件,它可以是两手指或多手指的手爪,也可以是喷漆枪、焊枪等作业工具。

工业机器人的机械系统

工业机器人的机械本体由基座、腰部、大臂、肘关节、小臂和腕部等组成,如图1-8所示。

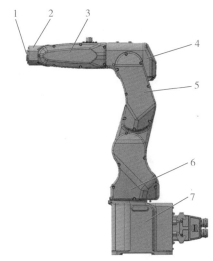

图1-8　工业机器人的机械本体

1—连接法兰;2—腕部;3—小臂;4—肘关节;5—大臂;6—腰部;7—基座

目前工业机器人广泛采用的机械传动单元是减速器,应用于关节型机器人的减速器主要有RV减速器和谐波减速器两类。

（1）RV减速器

RV减速器主要由太阳轮(中心轮)、行星轮、转臂(曲柄轴)、转臂轴承、摆线轮、针齿、刚性盘与输出盘等零部件组成。它具有较高的疲劳强度和刚度以及较长的寿命，回差精度稳定。高精度机器人传动多采用RV减速器，如图1-9所示。

RV减速器

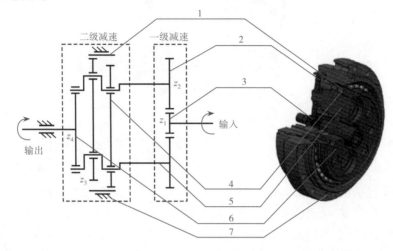

图1-9 RV减速器

1—针齿；2—行星轮；3—太阳轮；4—摆线轮；5—转臂；6—输出轴；7—针齿壳

（2）谐波减速器

谐波减速器通常由三个基本构件组成，包括一个有内齿的钢轮、一个工作时可产生径向弹性变形并带有外齿的柔轮和一个装在柔轮内部、呈椭圆形、外圈带有柔性滚动轴承的波发生器。在这三个基本构件中可任意固定一个，其余的一个为主动件，一个为从动件。谐波减速器如图1-10所示。

谐波减速器(1)

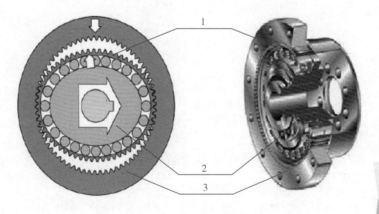

图1-10 谐波减速器

1—柔轮；2—波发生器；3—钢轮

谐波减速器(2)

2.驱动系统

驱动系统主要指驱动机械系统动作的驱动装置。根据驱动源的不同,驱动系统可分为液压、气压和电气三种以及把它们结合起来应用的综合系统。三种驱动方式的特点比较见表1-2。

表1-2　　　　　三种驱动方式的特点比较

驱动方式	输出力	控制性能	维修及使用	结构体积	使用范围	制造成本
液压驱动	压力大,可获得大的输出力	油液压缩量微小,压力、流量均容易控制,可无级调速,反应灵敏,可实现连续轨迹控制	维修方便,液体对温度变化敏感,油液泄漏易着火	在输出力相同的情况下,体积比气压驱动小	中小型及重型机器人	液压元件成本较高,油路较复杂
气压驱动	气体压力小,输出力较小,如需输出力大,则其结构尺寸过大	可高速运行,冲击较严重,精确定位困难。气体压缩性强,阻尼效果差,低速不易控制	维修简单,能在高温、粉尘等恶劣环境中使用,泄漏无影响	体积较大	中小型机器人	结构简单,工作介质获取方便,成本低
电气驱动	输出力中等	控制性能好,响应快,可精确定位,但控制系统复杂	维修、使用较复杂	需要减速装置,体积小	高性能机器人	成本较高

液压驱动系统运动平稳,负载能力大,对于重载搬运和零件加工的机器人,采用液压驱动比较合理。但液压驱动存在管道复杂、清洁困难等缺点,因此其应用受到了限制。

气压驱动系统结构简单、速度快,具有很好的缓冲作用,在工业机器人进行精细操作时尤为重要。但其功率较小、刚度差、噪声大,故是否使用需根据具体应用场合和需求进行权衡。

电气驱动系统在工业机器人中应用较普遍,可分为步进电动机、直流伺服电动机和交流伺服电动机三种驱动形式。电气驱动具有无环境污染、易于控制、运动精度高、成本低、驱动效率高等优点。

3.控制系统

控制系统根据机器人的作业指令程序及从传感器反馈回来的信号来控制机器人的执行机构,使其完成规定的运动和功能。控制系统分为开环、半闭环、闭环三种。工业机器人的控制系统主要由控制器和示教器组成。

（1）控制器

控制器是工业机器人的大脑,其内部主要由主计算板、轴计算板、串口、电容、辅助部件、连接线等组成,通过硬件和软件的结合来操作工业机器人,并协调工业机器人与其他设备之间的通信关系。

（2）示教器

示教器又称为示教编程器或示教盒,是工业机器人的核心部件之一。它主要由液晶屏幕和操作按钮组成,可由操作者手持移动,是工业机器人的人机交互接口。工业机器人的所有操作都是通过示教器来完成的,如点动机器人,编写、测试和运行机器人程序,设定、查阅机器人状态和位置等。

4.感知系统

感知系统由内部传感器和外部传感器组成,其作用是获取工业机器人内部和外部环境信息,并把这些信息反馈给控制系统。内部传感器用于检测各关节的位置、速度等变量,为闭环伺服控制系统提供反馈信息。外部传感器用于检测工业机器人与周围环境之间的状态变量,如距离、接近程度和接触情况等,用于引导机器人,便于其识别物体并做出相应处理。外部传感器可使工业机器人以灵活的方式对其所处的环境做出反应,赋予工业机器人一定的智能。

五 工业机器人的性能指标

1.自由度

机器人的自由度指描述机器人本体(不含末端执行器)相对于基座标系(机器人坐标系)进行独立运动的数目。机器人的自由度表示机器人动作灵活的尺度,一般以轴的直线移动、摆动或旋转动作的数目来表示。工业机器人一般采用空间开链连杆机构,其中的运动副(转动副或移动副)通常称为关节,关节个数通常为工业机器人的自由度,大多数工业机器人具有3~6个运动自由度,如图1-11所示。

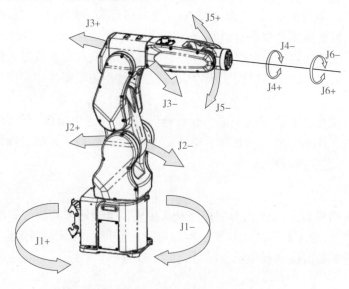

图1-11 KUKA-KR4型6自由度工业机器人

2.工作空间

工作空间又叫工作范围、工作区域。机器人的工作空间指机器人手臂末端或手腕中心(手臂或手部安装点)所能到达的所有点的集合,不包括手部本身所能到达的区域。由于末端执行器的形状和尺寸是多种多样的,因此为真实反映机器人的特征参数,将工作空间定义为机器人未装任何末端执行器情况下的最大空间。机器人的外形尺寸和工作空间如图 1-12 所示。

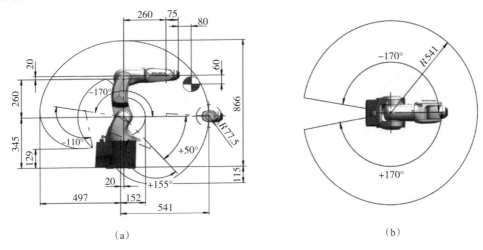

（a）　　　　　　　　　　　　（b）

图 1-12　机器人的外形尺寸和工作空间

工作空间的形状和大小是十分重要的,机器人在执行作业时可能会因存在手部不能到达的作业死区而不能完成任务。

3. 负载能力

负载指机器人在工作时能承受的最大载重。如果将零件从一个位置搬至另一个位置,就需要将零件的质量和机器人手爪的质量计算在负载内。目前使用的工业机器人的负载范围为 0.5~800 kg。

4. 工作精度

机器人的工作精度包括定位精度(也称绝对精度)和重复定位精度。定位精度指机器人手部实际到达位置与目标位置之间的差异,用反复多次测试的定位结果的代表点与指定位置之间的距离来表示。重复定位精度指机器人重复定位手部于同一目标位置的能力,以实际位置值的分散程度来表示。目前,工业机器人的重复定位精度可达±0.01~±0.5 mm。工业机器人的作业任务和末端持重不同,其重复定位精度也不同,具体见表 1-3。

表 1-3　　　　　　　　　　　　工业机器人典型行业应用中的重复定位精度

作业任务	额定负载/kg	重复定位精度/mm
搬运	5~200	± 0.2~ ± 0.5
码垛	50~800	± 0.5
点焊	50~350	± 0.2~ ± 0.3
弧焊	3~20	± 0.08~ ± 0.1
涂装	5~20	± 0.2~ ± 0.5
装配	2~5	± 0.02~ ± 0.03
	6~10	± 0.06~ ± 0.08
	10~20	± 0.06~ ± 0.1

六 库卡(KUKA)工业机器人

库卡(KUKA)机器人有限公司建立于1898年,公司总部位于德国奥格斯堡,是世界领先的工业机器人制造商,机器人四大家族之一。库卡可以向客户提供一站式解决方案,从机器人、工作单元到全自动系统及联网,其市场领域涉及汽车、电子、金属和塑料、消费品、电子商务和医疗保健等。库卡工业机器人的主要产品系列见表1-4。

表1-4　　　　　　　　　　库卡工业机器人的主要产品系列

分类	产品规格	型号	图示	应用领域
小型机器人	4~10 kg 的有效载荷及 540~1 100 mm 的作用范围	KR 4 R600 KR 6 R700/900-2 KR 10 R900/1100-2		专为小型零部件装配和搬运任务而设计,主要用于紧固、焊接、点胶、包装、组装、检验、取放、打标等
低负载机器人	6~22 kg 的有效载荷及 1 420~2 100 mm 的作用范围	KR 6 R1820 KR 8 R1420/2010-2 KR 8 R1620 KR 10 R1420 KR 12 R1810-2 KR 16 R1610/2610-2 KR 20 R1810-2 KR 22 R1610-2		KR CYBERTECH 主要用于弧焊、上下料、涂胶、CNC、多机协同、装配等
中负载机器人	30~60 kg 的有效载荷及 2 033~3 100 mm 的作用范围	KR 30/60-3 KR 30 L16-3 KR 30-3 KR 60 L30-3 KR 60 L45-3 KR 60-3		KR 30/60-3 主要用于 CNC、激光焊接、铣削、装配、上下料、搬运、折弯、弧焊等
高负载机器人	120~300 kg 的有效载荷及 2 700~3 900 mm 的作用范围	KR 120 R2700/3100-2 KR 150 R2700/3100-2 KR 180 R2900-2 KR 210 R2700/3100-2 KR 210 R3300-2K KR 240 R2900-2 KR 250 R2700-2 KR 270 R3100-2K KR 300 R2700-2		KR QUANTEC-2 主要用于上下料、去毛刺、清洗、X射线扫描、搬运、切削、电焊、铸造等

续表

分类	产品规格	型号	图示	应用领域
重载机器人	240~600 kg 的有效载荷及2 830~3 330 mm 的作用范围	KR 240 R3330 KR 280 R3080 KR 340 R3330 KR 360 R2830 KR 420 R3080/3330 KR 500 R2830 KR 510 R3080 KR 600 R2830		KR FORTEC 主要用于铣削、钻孔、测试等
Titan	750~1 000 kg 的有效载荷及3 200~3 600mm 的作用范围	KR 1000 L750 Titan KR 1000 Titan		主要用于搬运
码垛机器人	40~1 000 kg 的有效载荷及2 091~3 600 mm 的作用范围	KR 40 PA KR 120 R3200 PA KR 180 R3200 KR 240 R3200 PA KR 300-2 PA KR 470-2 PA KR 700 PA KR 1000 L950 Titan PA KR 1000 L1300 Titan PA		主要用于码垛
SCARA工业机器人	—	KUKA SCARA	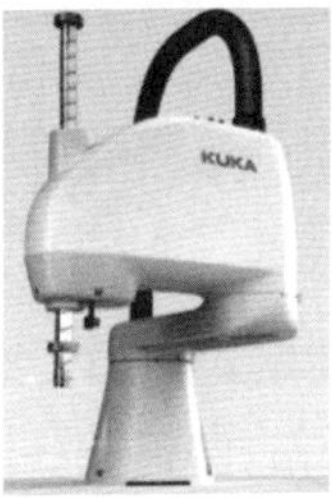	主要用于装配、接合、拾取及放置
灵敏型工业机器人	—	LBR iiwa	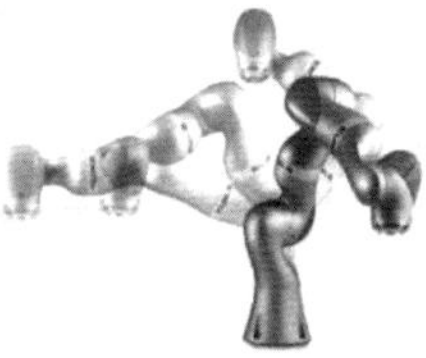	主要用于螺栓连接、装载、搬运、装配、检测、抛光、涂胶等

任务拓展

一 工业机器人系统工作环境安全管理

根据《机械安全 基本概念与设计通则 第1部分:基本术语和方法》(GB/T 15706.1—2007)中的定义,安全防护装置是安全装置和防护装置的统称。安全装置是消除或减小风险的单一装置或与防护装置联用的装置(而不是防护装置),例如联锁装置、使能装置、握持-运行装置、双手操纵装置、自动停机装置、限位装置等。防护装置是通过物体障碍方式专门提供防护的机器部分。根据其结构,防护装置可以是壳、罩、屏、门、封闭式防护装置等,如图1-13所示。工业机器人的安全防护装置有固定式防护装置、活动式防护装置、可调式防护装置、联锁式防护装置及可控式防护装置等。

图1-13 工业机器人的安全防护装置

为了减少已知的危险和保护各类工作人员的安全,在设计工业机器人时,应根据其作业任务及各阶段操作过程的需要和风险评估的结果选择合适的安全防护装置。所选用的安全防护装置应按照制造商的说明进行安装和使用。

1.固定式防护装置

对工业机器人采用固定式防护装置时应遵循如下原则:

(1)通过紧固件(如螺钉、螺栓、螺母等)或焊接将防护装置永久固定在所需的地方。

(2)其结构能经受预定的操作力和环境产生的作用力,即应考虑结构的强度与刚度。

(3)其构造应不增加任何附加危险,如应尽量减少锐边、尖角、凸起等。

(4)不使用工具就不能移开固定部件。

(5)隔板或栅栏底部离通道地面的距离不大于0.3 m,高度不低于1.5 m。

除通过与通道相连的联锁门或现场传感装置区域外,应防止由别处进入安全防护空间。

在物料搬运工业机器人周围所安装的隔板或栅栏应具有足够的高度,以防止物件从末端执行器松脱而飞出隔板或栅栏。

2.联锁式防护装置

对工业机器人采用联锁式防护装置时应遵循如下原则:

(1)防护装置关闭前,联锁能防止工业机器人自动操作。防护装置的关闭应不使工业机器人进入自动操作方式,而启动工业机器人进入自动操作方式应在控制板上谨慎地进行。

(2)在伤害的风险消除前,带防护锁的联锁式防护装置处于关闭和锁定状态,或当工业机器人正在工作时,防护装置被打开应给出停止或急停指令。联锁控制起作用时,若不产生其他危险,则应能从停止位置重新启动工业机器人。

(3)中断动力源可消除进入安全防护区之前的危险,但若动力源中断不能立即消除危险,则联锁系统中应含有防护装置的锁定或制动系统。

(4)在进出安全防护空间的联锁门处,应考虑设置防止无意识关闭联锁门的结构或装置(如采用两组以上的触点、具有磁性编码的磁性开关等)。应确保所安装的联锁装置的动作在避免了一种危险(如停止了工业机器人的危险运动)时,不会引起另外的危险(如使危险物质进入工作区)发生。

在设计联锁系统时,还应考虑安全失效的情况,即当某个联锁器件发生不可预见的失效时,安全功能应不受影响,若万一受影响,则工业机器人仍能保持在安全状态。

在工业机器人的安全防护中经常使用现场传感装置,设计时应遵循如下原则:

● 现场传感装置的设计和布局应使传感装置起作用前人员不能进入且身体各部位不能伸到限定空间内。为了防止人员从现场传感装置旁边绕过而进入危险区,应将现场传感装置与隔栏一起使用。

● 在设计和选择现场传感装置时,应考虑到其作用不受系统所处的任何环境条件(如湿度、温度、噪声、光照等)的影响。

3.安全防护空间

安全防护空间是由机器人外围的安全防护装置(如栅栏等)所组成的空间。确定安全防护空间的大小可通过风险评估来确定超出工业机器人限定空间而需要增加的空间。一般应考虑工业机器人在作业过程中,所有人员身体的各部分应不能接触到工业机器人运动部件和末端执行器或工件的运动范围。

4.切断装置

(1)提供给工业机器人及机器人外围的动力源应满足制造商的规范以及本地区或国家的电气构成规范要求,并按标准提出的要求进行接地。

（2）在设计工业机器人时,应考虑维护和修理的需要,必须具备能与动力源断开的技术措施。断开必须做到既可见(如运行明显中断),又能通过检查切断装置操作器的位置去确认,而且能将切断装置锁定在断开位置。切断电器电源的措施应按相应的电气安全标准执行。当工业机器人或其他相关机器人的动力断开时,应不发生危险。

5.急停装置

工业机器人的急停电路应超越其他所有控制,使所有运动停止,并从工业机器人驱动器和可能引起危险的其他能源(如机器人外围中的喷漆系统、焊接电源、运动系统、加热器等)上撤除驱动动力。设置急停装置应遵循如下原则:

（1）每台工业机器人的操作站和其他能控制运动的场合都应设有易于迅速接近的急停装置。

（2）工业机器人的急停装置应像其控制装置一样,其按钮开关是掌揿式或蘑菇头式,衬底为黄色的红色按钮,且要求人工复位。

（3）若工业机器人中安装有两台机器人,且两台机器人的限定空间具有相互交叉的部分,则其共用的急停电路应能停止系统中两台机器人的运动。

二 工业机器人使用注意事项

1.机器人示教维护遵照的法规

（1）有关工业安全和健康的法律。

（2）有关工业安全和健康法律的强制性命令。

（3）有关工业安全和健康法律的相应条例。

（4）根据有关法规的具体政策进行安全管理。

（5）遵守工业机器人的安全操作标准(ISO 10218)。

（6）指定被授权的操作者及安全管理人员,并给予其进一步的安全教育。

（7）示教和维修机器人的工作被列为工业安全和健康法律中的危险操作。

2.机器人使用安全注意事项

（1）作业人员须穿戴工作服、安全帽、安全鞋等;操作机器人时不许戴手套;内衣裤、衬衫和领带不要从工作服内露出;不许佩戴大的首饰,如耳环、戒指或垂饰等。

（2）接通电源时,应确认机器人的动作范围内没有作业人员。

（3）必须切断电源后,方可进入机器人的动作范围内进行作业。

（4）当检修、维修、保养等作业必须在通电状态下进行时,须两人一组进行作业,一人保持可立即按下急停按钮的姿势,另一人则在机器人的动作范围内保持警惕并迅速进行作业。

（5）手腕部位及机械臂上的负荷必须控制在允许搬运的重量和转矩内。如果不遵守允许搬运重量和转矩的规定,会导致异常动作发生或机械构件提前损坏。

(6)禁止进行没有说明的部位的拆卸和作业。

(7)如未确认机器人的动作范围内是否有人,则不能执行自动运转。

(8)不使用机器人时,应采取按下急停按钮、切断电源等措施,使机器人无法动作。

(9)机器人动作期间,应配置可立即按下急停按钮的人员监视安全。

3.机器人本体安全注意事项

(1)机器人的设计应去除不必要的凸起或锐利的部分,使用适应作业环境的材料,采用动作中不易发生损坏或事故的故障安全防护结构。此外,应具备机器人使用时的误动作检测停止功能和急停功能,以及周边设备异常时防止机器人发生危险的联锁功能等,保证安全作业。

(2)机器人主体为多关节的机械臂结构,动作中的各关节角度不断变化,当进行示教等作业而必须接近机器人时,应注意不要被关节部位夹住。各关节的动作端设有机械挡块,被夹住的危险性很高,尤其应注意。此外,当拆下伺服电动机或解除制动器时,机械臂可能会因自重而掉落或朝不定方向乱动,因此必须采取防止掉落的措施,并确认周围的安全情况后再进行作业。

(3)在末端执行器和机械臂上安装附带机器时,应采用规定尺寸、数量的螺钉,并用扭矩扳手按规定扭矩紧固。此外,不得使用生锈或有污垢的螺钉。规定外的紧固和不正确的方法会使螺钉出现松动,导致重大事故发生。

(4)设计、制作末端执行器时,应控制机器人手腕部位的负荷在容许值范围内。

(5)应采用故障安全防护结构,即使末端执行器的电源或压缩空气的供应被切断,也不致发生安装物被放开或飞出的事故。同时对边角部位或突出部位进行处理,防止对人、物造成损害。

(6)严禁供应规格外的电力、压缩空气、焊接冷却水等,否则会影响机器人的动作性能,引起异常动作或故障、损坏等危险情况的发生。

(7)作业人员在作业中应时刻保持逃生意识,必须确保在紧急情况下可以立即逃生。

(8)时刻注意机器人的动作,不得背向机器人进行作业。对机器人的动作反应缓慢也会导致事故的发生。

(9)发现异常时,应立即按下急停按钮。

(10)示教时,应先确认程序号码或步骤号码,再进行作业。错误地编辑程序和步骤,会导致事故的发生。

(11)对于已经完成的程序,使用存储保护功能可以防止误编辑。

(12)示教作业完成后,应以低速状态手动检查机器人的动作。如果立即在自动模式下以100%的速度运行,会因程序错误等而导致事故的发生。

(13)示教作业后应进行清扫作业,并确认有无忘记拿走的工具。作业区被油污染、遗忘工具会导致摔倒等事故的发生。

练习与思考

一、填空题

1. 工业机器人的机械系统包括_____、_____、_____、_____和_____等部分。

2. 工业机器人的工作精度包括_____（也称绝对精度）和_____ _____。

3. 机器人的自由度指描述机器人本体（不含末端执行器）相对于_____进行独立运动的数目。

4. 工业机器人的负载范围为_____。

5. 工业机器人的重复定位精度为_____。

二、简答题

1. 工业机器人的性能指标主要有哪些？

2. 工业机器人系统由哪几部分组成？

任务二　认识工业机器人工作站

任务说明

本任务的说明见表1-5。

表 1-5 　　　　　　　　　　　　　　　　　　　　　任务说明（2）

任务描述	掌握工业机器人应用领域一体化教学创新平台的组成及安装；熟悉KUKA-KR4型工业机器人的开机和关机操作流程
职业技能（能力）要求	
行为	（1）学习工业机器人应用领域一体化教学创新平台的组成及各模块的功能 （2）掌握工业机器人应用编程职业技能平台各功能模块的安装方法 （3）熟悉KUKA-KR4型工业机器人系统的启动和关闭
条件	工业机器人应用领域一体化教学创新平台（BNRT-IRAP-KR4）
知识技能素质	（1）熟练掌握安全操作规范 （2）认识工作站的各个模块及其作用 （3）掌握各功能模块的安装方法 （4）能够根据不同的任务需求把模块安装到合适的位置 （5）能够正确启动和关闭工作站及工业机器人 （6）了解工业机器人的产业发展，培养民族自豪感、爱国情怀和报国意识（扫码学习）　　　拓展阅读
成果	（1）了解工业机器人应用领域一体化教学创新平台的组成及各模块的功能 （2）掌握工业机器人应用编程职业技能平台各功能模块的安装方法 （3）完成KUKA-KR4型工业机器人系统的启动和关闭

知识储备

一　平台简介

工业机器人应用领域一体化教学创新平台（BNRT-IRAP-KR4）是严格按照1+X工业机器人应用编程职业技能等级标准开发的实训、培训和考核一体化教学创新平台，适用于工业机器人应用编程初、中、高级职业技能等级的培训和考核，以工业机器人典型应用为核心，配套丰富的功能模块，可满足工业机器人轨迹、搬运、码垛、分拣、涂胶、焊接、抛光打磨、装配等典型应用场景的示教和离线编程，以及RFID、智能相机、行走轴、变位机、虚拟调试和二次开发等工业机器人系统技术的教学。采用模块化设计,可按照培训和考核要求灵活配置,集成了工业机器人示教编程、离线编程、虚拟调试、伺服驱动、PLC控制、变频控制、HMI、机器视觉、传感器应用、液压与气动、总线通信、数字孪生和二次开发等技术。工业机器人应用领域一体化教学创新平台如图1-14所示。

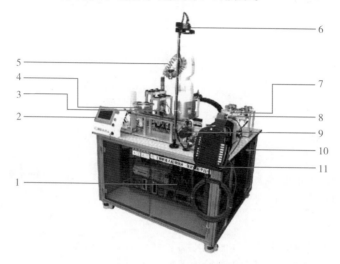

图1-14 工业机器人应用领域一体化教学创新平台

1—西门子PLC;2—HMI触摸屏;3—远程I/O;4—步进电动机;5—工业机器人本体;6—工业智能相机;
7—伺服电动机;8—RFID模块;9—三相异步电动机;10—直流电动机;11—工业机器人示教器

二 模块简介

1.工业机器人本体

图1-15所示为KUKA-KR4型工业机器人本体,它配有负载为4 kg的KUKA-KR4型6自由度工业机器人。

图1-15 KUKA-KR4型工业机器人本体

KUKA-KR4型工业机器人的主要特点:节拍小于0.4 s;四路气管内置;灵活且易于集成;可靠且维护成本低;结构紧凑,空间覆盖范围广;高性能且紧凑的外形设计;工业级设计,高级别防护等级。KUKA-KR4型工业机器人的主要参数见表1-6。

表1-6 　　　　　　　　　　KUKA-KR4型工业机器人的主要参数

型号	KUKA-KR4	轴数	6
有效载荷	4 kg	重复定位精度	±0.02 mm
环境温度	0~55 ℃	本体质量	27 kg
控制器	KR C5 micro	安装方式	任意角度
功能	装配、物料搬运	最大臂展	601 mm
防护等级	IP40	噪声音量	<68 dB(A)
各轴运动范围		最大单轴速度	
A1轴	±170°	A1轴	360°/s
A2轴	−195°/40°	A2轴	360°/s
A3轴	−115°/150°	A3轴	488°/s
A4轴	±185°	A4轴	600°/s
A5轴	±120°	A5轴	529°/s
A6轴	±350°	A6轴	800°/s

有效载荷:机器人在工作时能承受的最大载重。如果将零件从一个位置搬至另一个位置,就需要将零件和机器人手爪的质量计算在内。

防护等级:由两个数字组成,第一个数字表示防尘、防止外物侵入的等级,第二个数字表示防湿气、防水侵入的密闭程度。数值越大,防护等级越高。

重复定位精度:机器人完成每个循环后,到达同一位置的精确度/差异度。

最大臂展:机械臂所能达到的最大距离。

各轴运动范围:KUKA-KR4型工业机器人由6个轴串联而成,由下至上分别为A1、A2、A3、A4、A5、A6,每个轴的运动均为转动。

最大单轴速度:机器人单个轴运动时,参考点在单位时间内能够移动的距离(mm/s)、转过的角度或弧度(°/s或rad/s)。

各轴运动范围

2.工业机器人控制系统

工业机器人控制系统如图1-16所示,它由机器人控制器、伺服驱动器、示教器、机箱等组成,用于控制和操作工业机器人本体。工业机器人KRC5控制系统配有数字量I/O模块、工业以太网及总线模块。

图1-16　工业机器人控制系统

1—机器人控制器;2—示教器

3.平台功能模块简介(表1-7)

表1-7 平台功能模块简介

功能模块	说明	示意图
标准培训台	由铝合金型材搭建,四周安装有机玻璃可视化门板,底部安装钣金,平台上固定有快换支架,可根据培训项目自行更换模块位置	
快换工具模块	上图为整体视图,由工业机器人快换工具、支撑架、检测传感器组成。可根据培训项目由机器人自动更换夹具,完成不同培训考核内容	 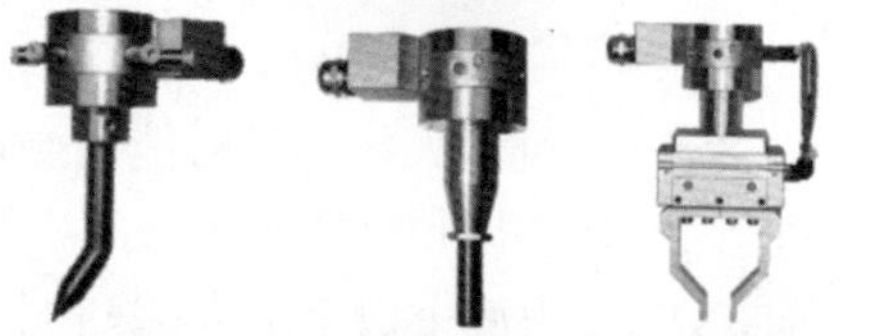 (a)轨迹焊接工具 (b)激光笔工具 (c)两爪夹具(1)  (d)两爪夹具(2) (e)吸盘工具 (f)涂胶工具
旋转供料模块	由旋转供料台、支撑架、安装底板、步进电动机等组成。采用步进驱动旋转供料,用于工业机器人协同作业,完成供料及中转任务	 1—旋转供料台;2—支撑架;3—安装底板; 4—步进电动机
原料仓储模块	用于存放柔轮、波发生器、轴套,工业机器人的末端夹爪分别拾取至旋转供料模块进行装配	

续表

功能模块	说明	示意图
码垛模块	工业机器人利用吸附工具按程序要求对码垛物料进行码垛,物料上、下表面设有定位结构,可精确完成物料的码垛、解垛	
涂胶模块	工业机器人利用涂胶工具完成汽车后视镜壳体的涂胶任务	
轨迹模块	由立体轨迹面板、可旋转支架、安装底板组成。工业机器人利用末端轨迹焊接工具进行轨迹焊接示教,可完成不同角度指定轨迹的焊接任务	 (a)　　　　　(b)
雕刻模块	由弧形不锈钢板、安装底板、把手组成。工业机器人利用末端激光笔完成雕刻示教任务	
快换底座模块	由铝合金支撑板、底板及铝合金支撑柱组成。上表面留有快换安装孔,便于离线编程模块快速拆装	
装配用样件套装	谐波减速器模型	 1—输出法兰;2—中间法兰;3—轴套; 4—波发生器;5—柔轮;6—钢轮
主控系统	采用西门子S7-1200系列PLC,使用博途软件进行编程,通过工业以太网通信配合工业机器人完成外围控制任务	

功能模块	说明	示意图
人机交互系统	包含触摸屏、指纹机和按钮指示灯,其中触摸屏选用西门子KTP700面板,用于设备的数据监控;指纹机用于指纹上电(密码上电);按钮指示灯具有设备开关机、模式切换、电源状态指示、设备急停等功能	
外围控制套件	图(a)所示为可调压油水分离器,图(b)所示为三色指示灯	 (a)　　　　　(b)
考核管理系统	共分四个模块:权限管理模块、培训管理模块、考试管理模块、证书管理模块	
身份验证系统	是结合考核管理系统进行人证识别的终端。具有人证比对功能,当比对结果为人与有效证件信息一致时,方可通过验证并记录相关信息	
数字化监控系统	由工业以太网交换机、网络硬盘录像机、显示器、场景监控、机柜等组成	

✏️ **任务实施**

一 工业机器人应用编程职业技能平台的模块安装

1.机械安装

图1-17(a)所示为平台上的回字块,有4个定位孔;图1-17(b)所示为快换模块的底部,有4个定位销。通过回字块的定位孔和快换模块底部的定位销相配合,可实现平台上各模块的快速、精准安装。通过紧固螺孔可以使快换模块和回字块的连接更加牢固,可满足不同任务的需求。

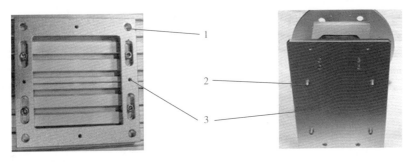

(a)回字块　　　　　　　　　　　　(b)快换模块的底部

图1-17　模块的机械安装

1—定位孔；2—定位销；3—紧固螺孔

2.模块安装样例

图1-18所示为平台安装模块前的俯视图和安装部分模块后的样例,可以根据任务需求自由设计和布置各模块的位置。

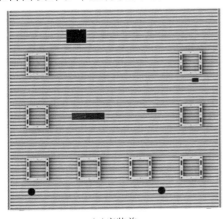 

(a)安装前　　　　　　　　　　　　(b)安装后

图1-18　模块安装的参考布局

3.电路与气路安装

图1-19所示为电气快换接口,台面接口均属于快速插拔式接口,根据1+X快插电气接口图安装即可。

(a)电路快换接口及网口　　　(b)气路快换接口　　　(c)快换航空插头

图1-19 电气快换接口

二 KUKA-KR4型工业机器人的开机、关机和急停

工业机器人应用领域一体化教学创新平台的电源开关位于触摸屏的右侧,如图1-20所示;KUKA-KR4型工业机器人控制器的电源开关位于操作面板的左下方,如图1-21所示。

图1-20 HMI触摸屏　　　　图1-21 KUKA-KR4型工业机器人控制器

1.开机

工业机器人开机步骤如下:

(1)检查工业机器人的周边设备、作业范围是否符合开机条件。

(2)检查电路、气路接口是否正常连接。

(3)确认工业机器人控制器和示教器上的急停按钮已经按下。

(4)打开平台的电源开关。

(5)打开工业机器人控制器的电源开关。

(6)打开气泵开关和供气阀门。

(7)示教器画面自动开启,开机完成。

2.关机

工业机器人关机步骤如下:

(1)将工业机器人控制器的模式开关切换到手动操作模式。

(2)手动操作工业机器人返回原点位置。

（3）按下示教器上的急停按钮。

（4）按下工业机器人控制器上的急停按钮。

（5）将示教器放到指定位置。

（6）关闭工业机器人控制器的电源开关（图1-21）。

（7）关闭气泵开关和供气阀门。

（8）关闭平台的电源开关（图1-20）。

（9）整理工业机器人系统的周边设备、电缆、工件等物品。

3.急停

急停装置也称急停按钮，当发生紧急情况时，用户可以通过快速按下此按钮来达到保护机械设备和自身安全的目的。平台的触摸屏和示教器上分别设有急停按钮。

任务拓展

■ KUKA工业机器人示教器按键功能介绍

示教器的正面和背面如图1-22所示。

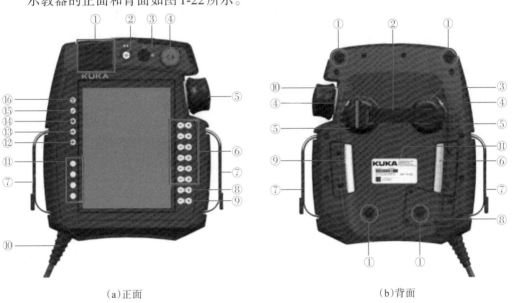

（a）正面　　　　　　　　　　　　　　（b）背面

图1-22　示教器的正面和背面

1.示教器正面的按键功能

①2个有盖的USB 2.0接口。该接口可用于插入U盘进行存档，适用于NTFS和FAT32格式化的U盘。

②用于拔下示教器的按钮。

③运行方式选择开关。可按选型进行设计：带钥匙，只有在插入钥匙

KUKA工业机器人示教器

的情况下才能更改运行方式;不带钥匙,可以调用连接管理器,通过连接管理器切换运行方式。

④急停按钮。用于在危险情况下关停机器人,按下时它会自行闭锁。

⑤空间鼠标(6D鼠标)。用于手动移动机器人。

⑥移动键。用于手动移动机器人。

⑦有尼龙搭扣的手带。如果不使用手带,则手带可以被全部拉入。

⑧用于设定程序倍率的按键。

⑨用于设定手动倍率的按键。

⑩连接线。

⑪状态键。用于设定备选软件包中的参数,其功能取决于所安装的备选软件包。

⑫启动键。按下后会启动一个程序。

⑬逆向启动键。按下后会逆向启动一个程序,程序将逐步执行。

⑭停止键。按下后会暂停正在运行的程序。

⑮键盘按键。用于显示键盘。通常不需要将键盘显示出来,因为smartHMI可自动识别需要使用键盘输入的情况并自动显示键盘。

⑯主菜单按键。用于显示和隐藏smartHMI上的主菜单,还可创建屏幕截图。

2.示教器背面的按键功能

①用于固定(可选)背带的按钮。

②拱顶座支撑带。

③左侧拱顶座。用右手握示教器。

④确认开关。具有3个位置:未按下、中位和完全按下(紧急位置)。只有当至少一个确认开关保持在中位时,方可在测试运行方式下运行机械手。当采用自动运行方式和外部自动运行方式时,确认开关不起作用。

⑤启动键(绿色)。按下后会启动一个程序。

⑥确认开关。

⑦有尼龙搭扣的手带。如果不使用手带,则手带可以被全部拉入。

⑧盖板(连接电缆盖板)。

⑨确认开关。

⑩右侧拱顶座。用左手握示教器。

⑪铭牌。

3.示教器界面的按键功能

示教器界面如图1-23所示,其功能如下:

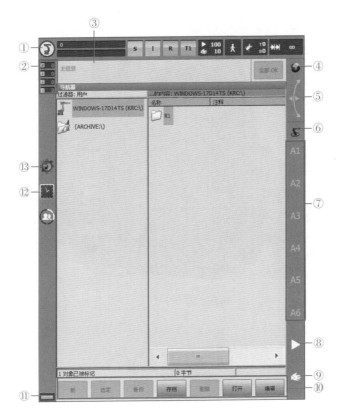

图1-23 示教器界面

①状态栏。

②信息提示计数器。

③信息窗口。

④状态显示空间鼠标。

⑤显示空间鼠标定位。

⑥状态显示运行键。

⑦运行键标记。如果选择了与轴相关的移动,此处将显示轴号(如A1、A2等);如果选择了笛卡儿式移动,此处将显示坐标系的方向(X、Y、Z、A、B、C)。触摸该标记会显示选择了哪种系统。

⑧程序倍率。

⑨手动倍率。

⑩按键栏。

⑪显示存在信号。

⑫时钟。

⑬WorkVisual图标。触摸该图标可切换至窗口项目管理。

4.示教器的握持方法

双手握持示教器,使机器人进行点动运动,此时四指需按下手压开关,使机器人处于伺服开的状态,具体方法如图1-24所示。

图1-24　示教器的握持方法

练习与思考

一、填空题

1. 工业机器人应用领域一体化教学创新平台可满足工业机器人_____、_____、_____、_____、_____、_____和_____等典型应用场景的示教和离线编程。

2. KUKA-KR4型工业机器人本体的有效载荷为_____。

3. 工业机器人应用编程职业技能平台的功能模块通过回字块的_____和快换模块底部的_____相配合,可实现平台上各模块的快速、精确安装。

二、简答题

1. 简述KUKA-KR4型工业机器人开机和关机的步骤。

2. KUKA-KR4型工业机器人的主要特点有哪些?

项目二

工业机器人基本操作

▶ **知识目标**

- 掌握工业机器人安全操作规程。
- 熟悉工业机器人开关机操作。
- 熟悉工业机器人急停操作。
- 熟悉示教器操作界面。
- 掌握手动调整工业机器人关节坐标的方法。
- 掌握调整工业机器人各轴零点的方法。
- 掌握工业机器人坐标系的概念。
- 掌握工具坐标系的概念与设置。
- 掌握工件坐标系的概念与设置。

▶ **能力目标**

- 能够牢记工业机器人安全操作规范。
- 能根据安全操作规范正确开关机和急停。
- 能够熟知示教器操作界面。
- 能够手动调整工业机器人的各种位姿。
- 能够熟练应用工业机器人的三种坐标系进行位姿调整。
- 能够设置工具坐标系。
- 能够创建工件坐标系。

▶ **素质目标**

- 通过学习工业机器人运动方式的选择,培养安全责任意识。
- 通过学习工业机器人零点的标定,培养使命感,牢记初心使命。
- 通过学习工业机器人位姿的调整,培养心系国家的大局观。

任务一　工业机器人手动操作

任务说明

本任务的说明见表2-1。

表2-1　　　　　　　　　　　　　任务说明(1)

任务描述	掌握工业机器人安全操作规范;熟悉工业机器人开关机操作、急停操作、各轴的运动范围、示教器操作界面及其设置方法
职业技能(能力)要求	
行为	(1)利用示教器设置工业机器人的运行方式 (2)通过操作示教器按钮实现工业机器人的点动操作
条件	KUKA-KR4型工业机器人、控制器、电源、示教器
知识 技能 素质	(1)遵守实训室安全操作规范 (2)掌握工作站机器人本体检查及系统连接上电方法 (3)能够点动操作工业机器人 (4)能够正确设置工业机器人的运行方式 (5)能够单独运行工业机器人的各个轴 (6)了解工业机器人安全事故案例,树立安全意识(扫码学习)
成果	(1)学会工业机器人点动运行的方法 (2)掌握工业机器人的运行方式及其设置方法

拓展阅读

知识储备

一 启动系统

1.本体检查

(1)检查机器人本体是否固定到位。

(2)检查打包运输时的辅助固定板是否拆除。

2.系统连接

(1)连接本体到控制柜动力线电缆。

(2)连接本体到控制柜编码器电缆。

（3）连接示教器到电控柜上。

（4）连接控制柜电源到外部电源。

3.系统上电

完成上述操作后,按下实训平台上的启动按钮启动系统,如果一切正常,则从示教器上可以看到系统自动进入登录界面,用户可以根据不同的权限操作工业机器人。

二 点动操作

点动操作通过按压示教器面板右侧的点动按键"–""+"使工业机器人运动,此操作只允许在手动模式下进行。伺服使能后,需设置工业机器人的坐标系类型和运动速度,再进行点动操作。

点动操作分为连续点动和增量点动两种方式:连续点动是长按"–""+"键使工业机器人运动;增量点动需设置步进长度,然后点按"–""+"键使工业机器人进行增量式运动。

三 KUKA工业机器人运行方式的选择和设置

1.KUKA工业机器人运行方式的选择

KUKA工业机器人的运行方式见表2-2。

表2-2　　　　　　　　　　　　　　KUKA工业机器人的运行方式

	运行方式	说明
T1	用于测试运行、编程和示教	程序验证:编程的最高速度为250 mm/s,手动运行时的最高速度为250 mm/s
T2	用于测试运行	程序验证时的速度等于编程设定的速度,手动运行无法进行
Aut	用于不带上级控制系统的工业机器人	程序执行时的速度等于编程设定的速度,手动运行无法进行
外部	用于带上级控制系统(PLC)的工业机器人	程序执行时的速度等于编程设定的速度,手动运行无法进行

2.KUKA工业机器人运行方式的设置

KUKA工业机器人运行方式的设置步骤如下:

（1）在库卡示教器上顺时针转动运行方式旋钮(图2-1)90°,示教器界面将弹出连接管理器界面。

图2-1　运行方式旋钮

（2）在连接管理器界面上单击对应的按钮，可选择运行方式，如图2-2所示。

图2-2　连接管理器界面

（3）将运行方式旋钮转回初始位置，所选的运行方式会显示在smartPAD的状态栏中，如图2-3所示。

图2-3　状态栏显示

任务实施

一　单独运动工业机器人的各轴

每根轴沿正向和负向转动，KUKA工业机器人的自由度如图2-4所示，为此需要使用移动键或KUKA smartPAD 3D鼠标，速度可以更改（手动倍率），仅在T1运行方式下才能手动移动，示教器背面的确认键必须已经按下。

KUKA工业机器人各坐标系下轴的运动

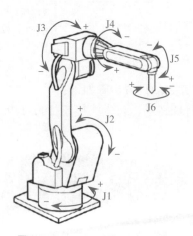

图2-4　KUKA工业机器人的自由度

控制各轴运动的操作步骤如下：

（1）选择"轴"作为移动键的选项，如图2-5所示。

图2-5　轴移动设置

（2）如图2-6所示，单击①所指的图标，可实现不同运动速度的设置。

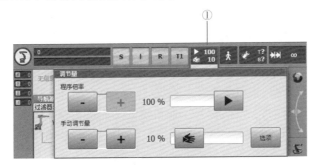

图2-6　设置手动倍率

（3）将使能开关按至中间挡位并按住，如图2-7中画圈处所示，按下三处开关中的任意一处即可。

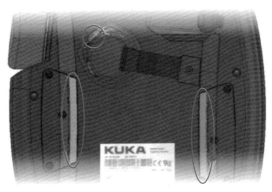

图2-7　按住使能开关

（4）按下"–"或"+"移动键，如图 2-8 所示，可以使轴沿正方向或反方向旋转。

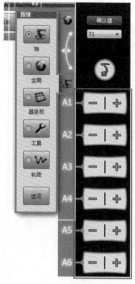

图 2-8　移动键

二　工业机器人零点标定

零点标定界面主要用于标定工业机器人各个关节运动的零点。界面上会显示工业机器人各个关节零点的标定状况，完成标定的关节，其相应的状态显示为绿色，当所有关节都标定完成后，"全部"指示灯点亮。用户可以选定一个或多个关节，单击"记录零点"按钮来记录当前的编码器数据，从而作为零点数据（注意：需长按"记录零点"按钮 2~3 s）。只有当所有关节的零点数据都完成标定后，工业机器人才能进行全功能运动，否则工业机器人只能进行关节点动运动。

1. 标定方法

当关节轴之间存在耦合关系时，例如常见的工业机器人第 5 轴和第 6 轴存在耦合关系，第 5 轴必须处于零点位置时，第 6 轴记录的零点数据才会有效，所以必须在第 5 轴处于零点的状态下记录第 6 轴的零点数据。如果不存在耦合关系，则各个轴可以单独标定零点，各自的零点不会影响其他关节的零点。

当所有用到的轴都完成了零点数据的标定后，零点标定界面上的"全部"指示灯变为绿色，此时工业机器人可以进行笛卡儿空间下的运动了。

在清除编码器零点漂移报警之后，需要立刻对机工业器人的每个轴进行机械零点标定和软件记录标定。机械零点标定按照上述方法进行，即通过单轴运动使每个轴都运行到机械参考零点。软件记录标定指当 6 个轴都已经通过单轴运动回到机械参考零点之后，需要进入软件的出厂设置中重新记录零点位置。确保软、硬件的零点位置对应，之后每次工业机器人回零都会回到该位置。

2.注意事项

(1)若没有进行原点位置校准,则不能进行示教和回放操作。

(2)使用多台工业机器人的系统,每台工业机器人都必须进行原点位置校准。

(3)原点位置校准是将工业机器人的位置与绝对编码器的位置进行对照的操作。原点位置校准是在出厂前进行的,但在下列情况下必须再次进行原点位置校准:更换电动机、绝对编码器时;存储内存被删除时;工业机器人碰撞工件,原点偏移时;电动机驱动器的绝对编码器电池没电时。

注:各轴"0"脉冲的位置称为原点位置,此时的姿态称为原点位置姿态,也即工业机器人回零时的终点位置。

任务拓展

工业机器人机械系统的精度主要包括位姿精度、重复位姿精度、轨迹精度、重复轨迹精度等。

(1)位姿精度:指令位姿与从同一方向接近该指令位姿时的实到位姿中心之间的偏差。

(2)重复位姿精度:对同一指令,工业机器人从同一方向重复响应 n 次后到达同一位姿的不一致程度。

(3)轨迹精度:工业机器人机械接口从同一方向 n 次跟随指令轨迹的接近程度。

(4)重复轨迹精度:对某一给定轨迹,在同一方向跟随 n 次后实到轨迹之间的不一致程度。

工业机器人机械系统的精度=0.5基准分辨率+机构误差

练习与思考

一、填空题

1.工业机器人机械系统的精度主要包括_____、_____、_____、_____等。

2.工业机器人的点动操作分为_____和_____两种方式。

3.KUKA 工业机器人的运行方式中,"T1"表示_____,"T2"表示_____,"Aut"表示_____,"外部"表示_____。

二、简答题

1.工业机器人零点标定的方法有哪些?

2.简述单独运动工业机器人各轴的方法。

任务二　工业机器人坐标系设置与应用

✏ 任务说明

本任务的说明见表2-3。

表2-3　　　　　　　　　　　　　　　　任务说明（2）

任务描述	手动调整工业机器人的关节坐标;调整工业机器人各轴的零点;掌握工业机器人坐标系的概念以及工具坐标系、基坐标系的概念与设置
职业技能(能力)要求	
行为	通过示教器手动操作工业机器人,采用XYZ 4点法建立工具坐标系,采用3点法建立基坐标系
条件	KUKA-KR4型工业机器人、控制器、电源、示教器、轨迹焊接工具、快换工具、标定针
知识技能素质	(1)严格遵守实训室安全操作规范 (2)熟知工业机器人坐标系的分类与定义 (3)能够用XYZ 4点法建立工具坐标系 (4)能够用3点法建立基坐标系 (5)了解用6点法建立工具坐标系 (6)了解工业机器人零点标定的应用,培养使命感,牢记初心使命(扫码学习)　拓展阅读
成果	(1)学会工具坐标系的建立与应用 (2)学会基坐标系的建立与应用

✏ 知识储备

坐标系是一种位置指标系统,其作用是确定工业机器人在空间中的位置和姿态。根据不同的参考对象,可使用以下四种坐标系:

1.关节坐标系

关节坐标系是设定在工业机器人关节中的坐标系。在关节坐标系中,工业机器人的位置和姿态以各个关节底座侧的原点角度为基准,关节坐标系中的数值即关节正、负方向转动的角度值,如图2-9所示。

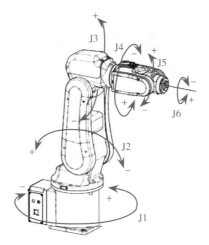

图 2-9 关节坐标系

2. 笛卡儿坐标系

笛卡儿坐标系中工业机器人的位置和姿态,通过从空间上的直角坐标系原点到工具侧的直角坐标系原点(工具中心点,TCP)在 X、Y、Z 三个方向上的直线距离以及空间上的直角坐标系相对 X、Y、Z 轴周围工具侧的直角坐标系的回转角 w、p、r 来定义,如图 2-10 所示。

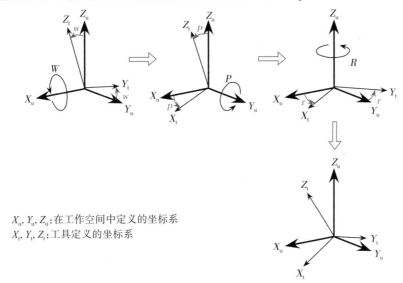

X_u, Y_u, Z_u:在工作空间中定义的坐标系
X_t, Y_t, Z_t:工具定义的坐标系

图 2-10 笛卡儿坐标系

3. 工具坐标系

工具坐标系安装在工业机器人末端,其原点及方向都随着末端位置与角度不断变化,它实际是由直角坐标系通过旋转和位移变换得出的,如图 2-11 所示。

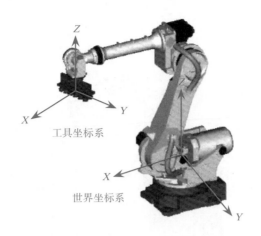

图 2-11　工具坐标系

4. 工件坐标系

工件坐标系用来确定工件的位姿，它由工件原点与坐标方位组成。工件坐标系可采用 3 点法确定：点 X_1 与点 X_2 连线组成 X 轴，通过点 Y_1 向 X 轴作的垂线为 Y 轴，Z 轴方向以右手定则确定，如图 2-12 所示。

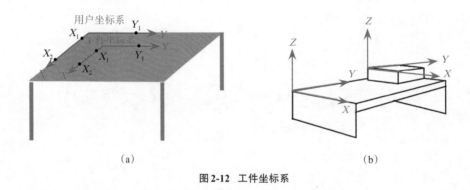

（a）　　　　　　　　　　　　　　　　　　（b）

图 2-12　工件坐标系

任务实施

一　建立工具坐标系

1. 确定工具坐标系原点（TCP）

确定工具坐标系原点的方法有 XYZ 4 点法和 XYZ 参照法，如图 2-13、图 2-14 所示。在 XYZ 参照法中，TCP 的数值是通过与法兰盘上一个已知点的比较而得出的。

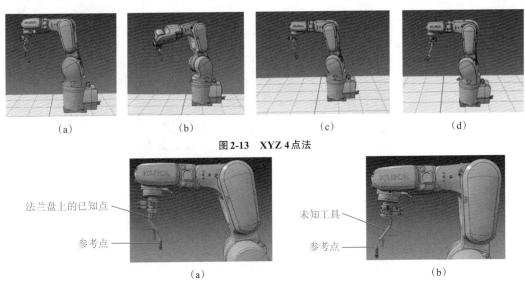

图2-13　XYZ 4点法

图2-14　XYZ参照法

（1）XYZ 4点法

用XYZ 4点法确定工具坐标系原点的步骤如下：

①单击主菜单，选择"投入运行"→"工具/基坐标管理"，进入"工具/基坐标管理"界面，单击"添加"按钮，如图2-15所示。

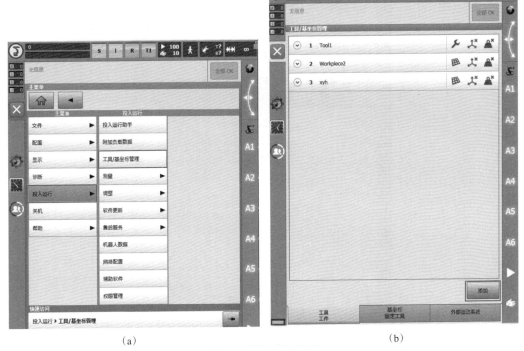

图2-15　添加工具坐标系

②单击"编辑工具"界面中"转换"选项组中的"测量"按钮，选择"XYZ 4点法"，如图2-16所示。

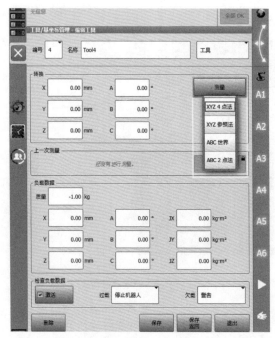

图2-16 选择"XYZ 4点法"

③操作示教器的"+""−"按钮,使轨迹焊接工具的尖端移动到标定针处,选择校准点为"测量点1",单击"Touch-Up"按钮,完成测量点1的记录,如图2-17所示。

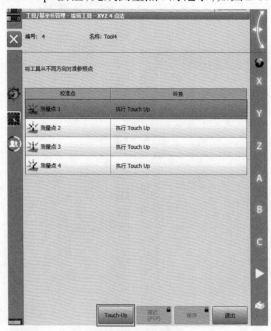

图2-17 记录测量点1

④再次调整工业机器人的姿态,使其以另一种姿态将轨迹焊接工具的尖端移动到标定针处,选择校准点为"测量点2",单击"Touch-Up"按钮,完成测量点2的记录,如图2-18所示。

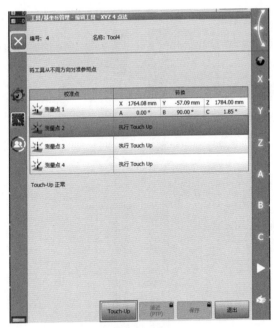

图2-18　记录测量点2

⑤再次调整工业机器人的姿态,使其以另一种姿态将轨迹焊接工具的尖端移动到标定针处,选择校准点为"测量点3",单击"Touch-Up"按钮,完成测量点3的记录,如图2-19所示。

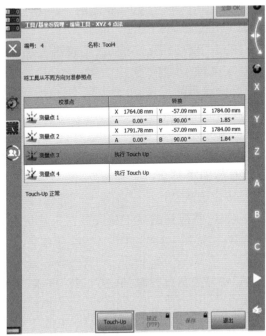

图2-19　记录测量点3

⑥再次调整工业机器人的姿态,使轨迹焊接工具的前端垂直于水平面,将轨迹焊接工具的尖端移动到标定针处,选择校准点为"测量点4",单击"Touch-Up"按钮,完成测量点4的记

录,如图2-20(a)所示。至此,4点均记录完毕,单击"退出"按钮保存数据,如图2-20(b)所示。

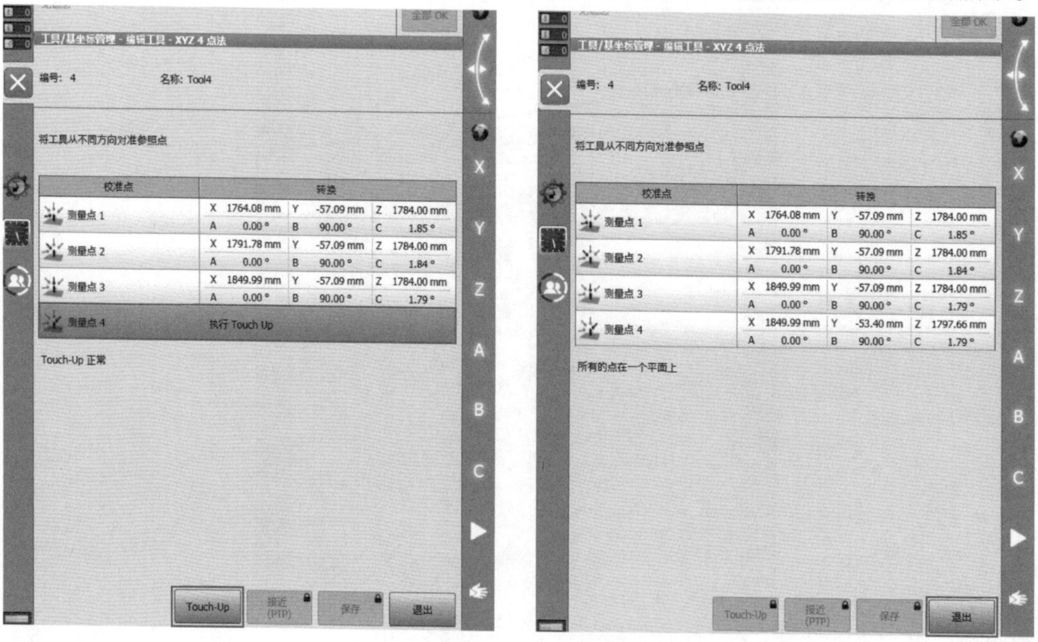

| (a) | (b) |

图2-20 记录测量点4并退出

(2)XYZ参照法

XYZ参照法是对一个新工具和一个已经测量过的工具进行比较,工业机器人控制系统比较法兰的位置,从而计算出新工具的TCP。前提条件是工业机器人法兰上装有一个已经测量的工具,且该工具的TCP数据是已知的,工业机器人处于T1方式。

用XYZ参照法测量工具TCP的步骤如下:

①工业机器人安装已经测量过的工具,单击主菜单,选择"投入运行"→"测量"→"工具"→"XYZ参照法"。

②为待测定的工具选择编号并输入名称,例如编号选"2",名称设为"Tool2",单击"继续"按钮确认。输入已经测量过的工具的TCP数据,单击"继续"按钮确认。

③将已经测量过的工具的TCP移至一个参考点,使工具的TCP与参考点对准,单击"测量"按钮,再单击"继续"按钮确认。

④拆下已经测量过的工具,将待测的新工具安装在工业机器人上,将新工具的TCP移至前一步中同一个参考点,使待测工具的TCP与参考点对准,单击"测量"按钮,再单击"继续"按钮确认。

⑤在负载数据输入窗口中输入负载数据,单击"继续"按钮确认,再单击"保存"按钮结束操作。

2.确定工具坐标系姿态

确定工具坐标系姿态可以采用ABC世界坐标系法或ABC 2点法,其中ABC世界坐标系法又分为5D法和6D法。还可以根据工具设计参数,直接录入工具TCP至法兰中心点的距离(X,Y,Z)和转角(A,B,C)数据。

用ABC 2点法确定工具坐标系姿态的步骤如下：

①单击"转换"选项组中的"测量"按钮，选择"ABC 2点法"，如图2-21所示。

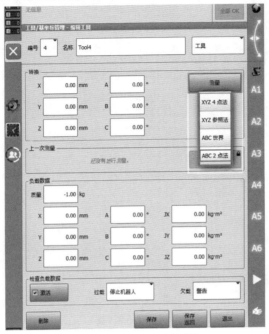

图2-21　选择"ABC 2点法"

②保持轨迹焊接工具前端与工作台垂直的姿态，选择校准点为"TCP"，单击"Touch-Up"按钮，记录TCP，如图2-22所示。

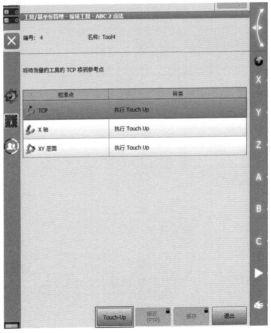

图2-22　记录TCP

③保持轨迹焊接工具 Z 方向和 Y 方向的坐标不变,沿 X 方向移动一定距离,选择校准点为"X轴",单击"Touch-Up"按钮,记录 X 轴,如图 2-23 所示。

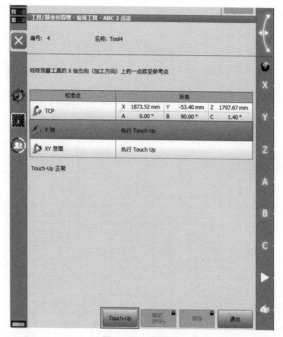

图 2-23　记录 X 轴

④在步骤③的基础上保持轨迹焊接工具 Z 方向和 X 方向的坐标不变,沿 Y 方向移动一定距离,选择校准点为"XY层面",单击"Touch-Up"按钮,记录 XY 层面,如图 2-24 所示。

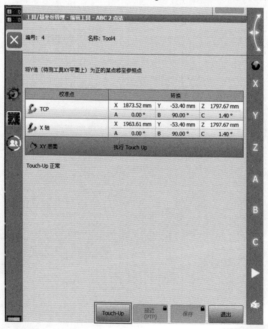

图 2-24　记录 XY 层面

⑤单击"保存"按钮,完成工具坐标系的建立。

二 建立基坐标系

用3点法建立基坐标系的步骤如下：

(1)单击主菜单，选择"投入运行"→"工具/基坐标管理"，如图2-25所示。

图2-25　打开"工具/基坐标管理"界面

(2)单击"基坐标固定工具"，再单击"添加"按钮，如图2-26所示。

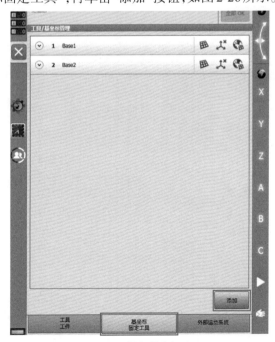

图2-26　添加基坐标系

（3）在打开的界面中更改基坐标的名称为"jizuobiao"，在右侧的下拉列表中选择"基坐标"，如图2-27所示。

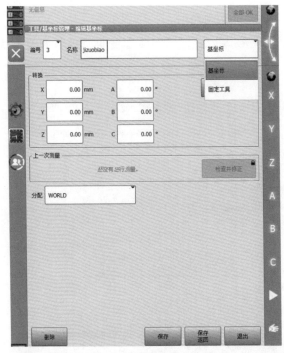

图2-27 更改基坐标名称

（4）单击"转换"选项组中的"测量"按钮，选择"3点"法，如图2-28所示。

图2-28 选择"3点"法

（5）在打开界面的"工具参考"下拉列表中选择已建立的工具坐标系"1 Tool1"，如图2-29所示。

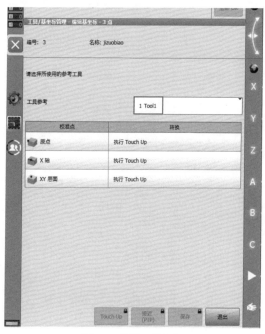

图2-29　选择工具参考

（6）选择校准点为"原点"，调整工业机器人轨迹焊接工具的尖端至需要建立基坐标系的原点位置，然后单击"Touch-Up"按钮，如图2-30所示。

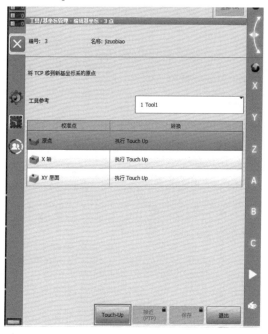

图2-30　校准原点

（7）选择校准点为"X轴"，调整工业机器人轨迹焊接工具的尖端至需要建立基坐标系

的 X 轴方向的一个位置,单击"Touch-Up"按钮,如图2-31所示。

图2-31 校准 X 轴

（8）选择校准点为"XY层面",调整工业机器人轨迹焊接工具的尖端至需要建立基坐标系的 XY 面上的一个点,单击"Touch-Up"按钮,再单击"保存"按钮,基坐标系建立完成,如图2-32所示。

图2-32 校准 XY 层面

✏️ 任务拓展

一　工具坐标系

工具坐标系用于描述安装在工业机器人第6轴上的工具中心点的位置和工具姿态的坐标系。工业机器人示教时,如果轨迹焊接工具在小范围内要完成多个角度的位姿变换,则在工具坐标系下移动工业机器人比较方便。这时示教器显示的坐标值X、Y、Z就是工具的TCP,转角A、B、C就是工具的姿态。

一般工业机器人默认的工具TCP位于工业机器人安装法兰的中心点。实际应用中,不同功能的工业机器人会配置不同的工具,比如弧焊机器人使用弧焊枪作为工具,而用于搬运板材等的工业机器人使用吸盘式夹具作为工具。工具TCP及坐标方向会随着末端安装的工具位置与角度不断变化,这就需要建立相应的工具坐标系,用来描述所安装的工具的位姿。

新建立的工具坐标系总是相对于默认工具坐标系定义的,实际是将默认工具坐标系通过旋转及位移变换而得来的。当所使用的工具相对于默认工具坐标系只是TCP位置改变而坐标方向不变时,可通过3点法标定工具坐标系,或者将工具TCP的位置偏移量输入到相应轴的坐标值里,即可建立新的工具坐标系。当TCP和坐标方向都发生改变时,需要采用6点法建立新的工具坐标系。

例如,在工业机器人搬运应用中,用来搬运的工具为真空吸盘,其TCP设定在吸盘的接触面上,相对于默认工具0的坐标方向没变,只是TCP相对于工具在Z轴正方向偏移了L,所以可采用修改Z轴坐标值的方法建立吸盘工具坐标系;在工业机器人涂胶应用中,涂胶工具的TCP设定在胶枪底部端点位置,相对于默认工具的坐标方向没变,只是TCP相对于工具的三个坐标值发生改变,所以也可通过设置坐标值来建立涂胶工具坐标系,如图2-33所示。

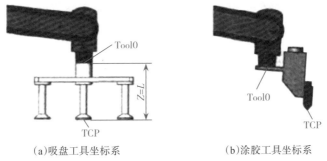

(a)吸盘工具坐标系　　　　　　　　(b)涂胶工具坐标系

图2-33　工具坐标系变换示意图

在工业机器人喷漆或弧焊应用中,工具TCP设定在喷枪或焊枪底部端点位置,相对于默认工具的坐标方向和TCP都发生改变,所以需采用6点法标定工具坐标系。

6点法是通过标定工业机器人工具末端的6个不同位置来计算工具坐标系的。用6

点法标定工具坐标系的步骤如下：

(1)在工业机器人的工作范围内找到一个精确的固定点作为参考点。

(2)在工具上确定一个参考点(最好是TCP)。

(3)用手动操纵工业机器人的方法移动工具上的参考点,以6种不同的工业机器人姿态尽可能与固定点刚好碰上。其中第4点是让工具参考点垂直于固定点,第5点是工具参考点从固定点向将要设定为TCP的X方向移动,第6点是工具参考点从固定点向将要设定为TCP的Z方向移动。

(4)通过6个位置点的数据计算求得TCP的数据并保存。

二 工件坐标系

工件坐标系是在工具活动区域内相对于基坐标系设定的坐标系。对工业机器人编程时可以在工件坐标系中创建目标和路径。工件坐标系下的坐标值即工具坐标系在工件坐标系中的位姿,其中X、Y、Z描述工具坐标系原点在工件坐标系中的位置,A、B、C描述工具坐标系三个直角坐标方向相对于工件坐标系坐标轴方向的角度偏移。

在工件坐标系下示教编程有两个优点：

(1)当工业机器人移动位置之间有确定的关系时可建立工件坐标系,通过计算建立各点之间的数学关系,然后示教少数几个点,就可获得全部点的位置数据,这样可减少示教点数,简化示教编程过程。

(2)当工业机器人在不同工作区域内的运动轨迹相同时,如在区域A中工业机器人的运动轨迹相对于区域A,与在区域B中工业机器人的运动轨迹相对于区域B相同,并没有因为整体偏移而发生变化,故只需编制一个运动轨迹程序,然后建立两个工件坐标系A和B,将其坐标值赋给当前坐标系即可,不需要重复编程。

例如使用工业机器人在传送带上抓取产品,将其搬运至左、右两条传送带上的码盘中并摆放整齐,然后周转至下一工位进行处理。产品的摆放位置如图2-34所示。位置2相对于位置1只是在X正方向偏移了一个产品长度,只需在目标点X轴数据上加一个产品长度即可。位置4相对于位置3只是在X正方向偏移了一个产品宽度,只需在目标点X轴数据上加一个产品宽度即可。依此类推,可计算出剩余的全部摆放位置。示教编程时,只需要示教位置1和3两个位置。

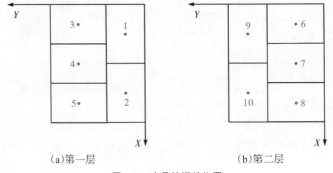

(a)第一层　　　　　　　(b)第二层

图2-34　产品的摆放位置

在码垛应用过程中,通常是奇数层垛型一致,偶数层垛型一致,这样只要计算出第一层和第二层,然后执行第三层和第四层码垛时,将工件坐标系在Z轴正方向上叠加相应的产品高度,即可完成。

当工业机器人在左右两侧码垛时,工业机器人执行左侧码垛时相对于左侧码盘的运动轨迹与执行右侧码垛时相对于右侧码盘的运动轨迹是相同的,并没有因为整体偏移而发生变化。所以为了编程方便,为左侧码盘建立工件坐标系1,为右侧码盘建立工件坐标系2。将当前工件坐标系设置为工件坐标系3,并在工件坐标系3中进行码垛轨迹编程。执行左侧码垛时,将左侧码盘工件坐标系1的各项位置数据赋值给当前工件坐标系3,工业机器人的运动轨迹就自动更新到工件坐标系1中。执行右侧码垛时,将右侧码盘工件坐标系2的各项位置数据赋值给当前工件坐标系3,工业机器人的运动轨迹就自动更新到工件坐标系2中,这样对于相同的轨迹就不需要重复编程了。

练习与思考

一、填空题

1.工业机器人坐标系分为_____坐标系、_____坐标系、_____坐标系和工件坐标系。

2.确定工具坐标系原点的方法有_____法和_____法。

3.工件坐标系是在工具活动区域内相对于_____设定的坐标系。

4.工具坐标系用于描述安装在工业机器人第6轴上的工具的_____、_____等数据。

二、简答题

1.在工件坐标系下示教编程有哪些优点?

2.简述利用XYZ 4点法建立工具坐标系的步骤。

项目三

工业机器人操作及编程

▶ **知识目标**

- 掌握例行程序的创建、修改与删除方法。
- 掌握例行程序的运行与调试方法。
- 熟悉例行程序的调用方法。
- 掌握常用指令的用法,如运动、逻辑、置位、复位、等待、IO控制等。
- 掌握工业机器人末端工具的手动换装方法。
- 熟悉工业机器人末端工具的自动换装方法。
- 掌握工业机器人轨迹、搬运、码垛、出入库、装配等任务的运动路径规划。
- 掌握工业机器人轨迹、搬运、码垛、出入库、装配等任务的操作及编程方法。

▶ **能力目标**

- 能够新建、打开、关闭、修改、删除例行程序。
- 能够完成例行程序的运行与调试。
- 能够进行例行程序的调用。
- 能够使用常用指令进行程序的编写。
- 能够完成工业机器人末端工具的手动拾取与释放。
- 能够完成工业机器人末端工具的自动拾取与释放。
- 能够完成工业机器人轨迹、搬运、码垛、出入库、装配等任务的运动路径规划。
- 能够完成工业机器人轨迹、搬运、码垛、出入库、装配等任务的运行与调试。

▶ **素质目标**

- 在工业机器人轨迹练习中了解工业机器人轨迹的应用,培养精益求精的大国工匠精神。
- 在工业机器人搬运练习中坚持科技是第一生产力,坚定科技报国的决心。
- 在工业机器人码垛练习中领悟"中国速度"。
- 在工业机器人出入库练习中培养团队合作精神。
- 在工业机器人装配练习中强化创新驱动发展、推动科技创新的强国意识。

任务一　工业机器人轨迹应用编程与调试

✍ 任务说明

本任务的说明见表 3-1。

表 3-1　　　　　　　　　　　　任务说明(1)

任务描述	按要求将轨迹模块安装在工作台指定位置,在工业机器人末端手动安装模拟轨迹焊接工具,创建并正确命名轨迹程序。利用示教器进行现场操作编程,按下启动按钮,工业机器人自动从工作原点开始执行轨迹任务。在执行任务过程中,轨迹焊接工具的前端始终垂直于轨迹模块表面,完成轨迹任务后工业机器人返回工作原点
职业技能(能力)要求	
行为	利用 KUKA-KR4 型工业机器人进行轨迹练习,需要依次进行程序文件创建、程序编写、目标点示教及程序调试,完成整个轨迹任务
条件	KUKA-KR4 型工业机器人、控制器、电源、示教器、轨迹模块、轨迹焊接工具、气泵
知识 技能 素质	(1)严格遵守实训室安全操作规范 (2)掌握新建程序文件的方法 (3)会建立工具坐标系和基坐标系 (4)能够正确完成轨迹练习的示教编程 (5)能够正确应用工业机器人运动指令 (6)能够正确调试并自动运行程序 (7)了解工业机器人轨迹的应用,培养精益求精的大国工匠精神(扫码学习)
成果	(1)熟练使用示教器功能 (2)熟练应用工业机器人常用运动指令 (3)能够自主完成程序的编写并实现自动运行

拓展阅读

✍ 知识储备

一　创建程序模块

在示教器上,程序模块可以保存在"R1"文件夹下的任一文件夹里,也可以建立新的文件夹并将程序模块存放在该目录下。模块中可以加入注释,以对程序进行说明。为了便于管理和维护,模块命名应尽量规范。程序模

KUKA 工业机器人的程序管理

块的创建过程如下：

（1）单击主菜单，选择"配置"→"用户组"→"专家"，输入登录密码"KUKA"，单击"登录"按钮，如图3-1所示。

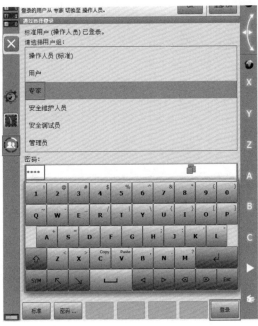

图3-1 登录

（2）选中"R1"文件夹，单击"新"按钮，新建一个程序文件夹，将其命名为"ceshi"，如图3-2所示。

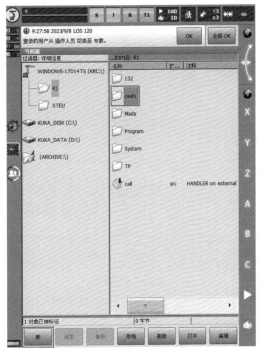

图3-2 新建文件夹

（3）选中"ceshi"文件夹，单击"打开"按钮，再单击"新"按钮，如图3-3所示。

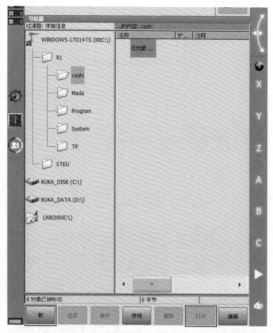

图3-3 新建程序

（4）在弹出的选择模板窗口中选中"Modul"，然后单击"OK"按钮，如图3-4所示。

图3-4 选择模板

（5）在弹出的程序块窗口中将程序命名为"ceshi1"，单击"OK"按钮，如图3-5所示。

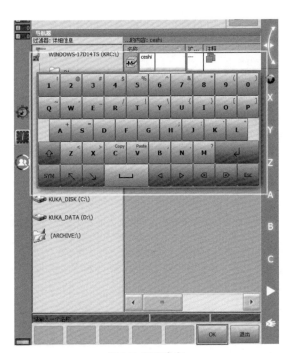

图 3-5　程序命名

（6）程序模块创建后自动生成两个文件，即数据文件"ceshi1.dat"和程序文件"ceshi1.src"，如图 3-6 所示。

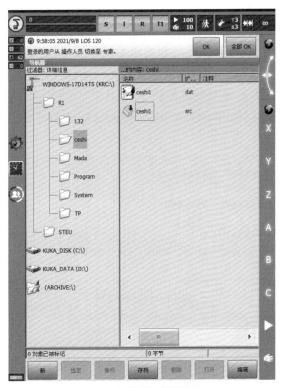

图 3-6　程序模块创建完成

在库卡系统软件(KSS)中,不同的用户组有不同的功能可供选择,见表3-2。

表3-2 用户组及其功能说明

用户组	功能说明
操作人员	操作人员用户组,为默认用户组
用户	操作人员用户群(在默认设置中操作人员和应用人员的目标组是一样的)
专家	程序员用户组,通过一个密码进行保护
安全维护人员	调试人员用户组,可以激活和配置工业机器人的安全配置,通过一个密码进行保护
安全调试员	只有当使用 KUKA.SafeOperation 或 KUKA.SafeRangeMonitoring 时该用户组才相关。该用户组通过一个密码进行保护
管理员	其功能与专家一样,可以将插件(Plug-Ins)集成到工业机器人控制系统中。该用户组通过一个密码进行保护

默认密码为"KUKA",新启动时将选择默认用户组。如果要切换至"Aut"(自动)运行方式或"外部"(外部自动)运行方式,则工业机器人控制系统为确保安全而切换至默认用户组。如果要选择另外一个用户组,则需要进行切换。如果在一段固定时间内未在操作界面进行任何操作,则工业机器人控制系统为确保安全而切换至默认用户组,默认停留时间设置为300 s。

一个完整的程序模块包含两个同名文件:SRC程序文件,可存储程序的源代码;DAT数据文件,可存储变量数据和点坐标,如图3-7所示。DAT数据文件在专家或更高权限的用户组登录状态下可见。

```
1  DEFDAT ceshi1

2  EXTERNAL DECLARATIONS

3  ENDDAT

4
```

图3-7 DAT数据文件

二、修改程序及参数

将光标移至某一行,单击"更改"按钮,可对该行的指令进行更改。以SPTP行指令(图3-8)为例,程序的修改如图3-9所示。

图3-8　SPTP行指令

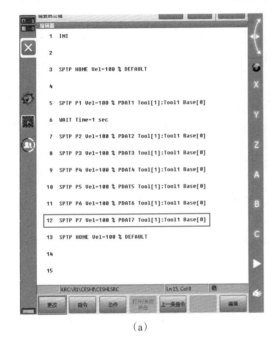

（a）

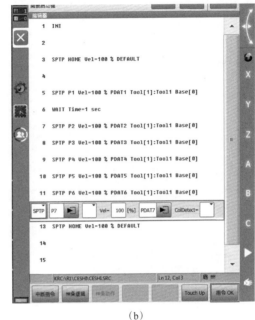

（b）

图3-9　修改程序

默认情况下不会显示行指令的所有栏,通过按钮切换参数可以显示和隐藏这些栏。命令行的说明如下:

①运动方式。

②目标点名称:系统会默认一个名称。

③轴速度:范围为1%~100%。

④运动数据组的名称:系统会自动赋予一个名称,也可以进行改写。

⑤运动的碰撞识别。

⑥运动数据组的名称。

三　删除程序模块

在示教器上删除程序模块,可以选中自动生成的数据文件"ceshi1.dat"和程序文件"ceshi1.src",单击"删除"按钮进行删除,也可以选择"编辑"→"删除"命令来进行删除操作,如图3-10所示。

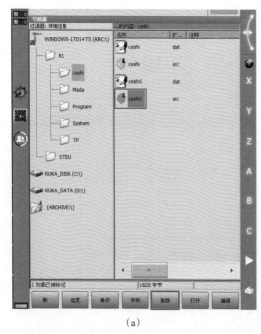 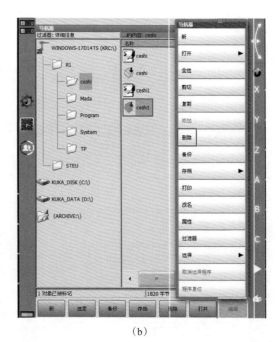

（a）   （b）

图3-10 删除程序

四 基础运动方式

基础运动方式包括点到点（PTP）运动方式、线性（LIN）运动方式、圆周（CIRC）运动方式等。

1.PTP运动方式

PTP运动方式指工业机器人沿最快的轨道将TCP引至目标点，如图3-11所示。一般情况下最快的轨道并不是最短的轨道，即并非直线。因为工业机器人轴进行的是回转运动，所以曲线轨道比直线轨道速度更快。PTP运动方式的不足之处是无法预知精确的运动过程。

工业机器人基础运动方式

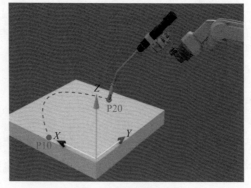

图3-11 PTP运动方式

2.LIN运动方式

LIN运动方式指工业机器人沿一条直线以定义的速度将TCP引至目标点,如图3-12所示。

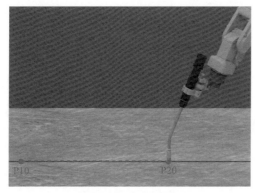

图3-12　LIN运动方式

3.CIRC运动方式

CIRC运动方式指工业机器人沿圆形轨道以定义的速度将TCP引至目标点。圆形轨道是通过起点、辅助点和目标点定义的,如图3-13所示。

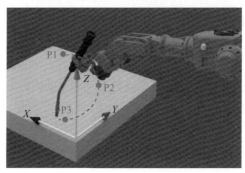

图3-13　CIRC运动方式

4.轨迹逼近

轨迹逼近指不会精确移至程序编定的点。"圆滑过渡"是一个选项,可在运动编程时进行选择。当在运动指令之后跟着一个触发预进停止的指令时,将无法进行圆滑过渡。

(1)PTP运动时的轨迹逼近

TCP离开可以准确到达目标点的轨道,采用另一条更快的轨道。运动编程时将确定至目标点的距离,TCP最早允许在此距离处离开其原有轨道。当发生轨迹逼近的PTP运动时,轨迹曲线不可预测,且滑过点从轨道的哪一侧经过也无法预测,如图3-14所示。

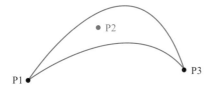

图3-14　PTP运动时的轨迹逼近(P2已滑过)

（2）LIN 运动时的轨迹逼近

TCP 离开其上能精确移至目标点的轨道，在一条更短的轨道上运行。运动编程时将确定至目标点的距离，TCP 最早允许在此距离处离开其原有轨道，如图 3-15 所示。

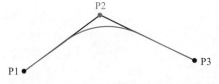

图 3-15　LIN 运动时的轨迹逼近（P2 已滑过）

（3）CIRC 运动时的轨迹逼近

TCP 离开其上能精确移至目标点的轨道，在一条更短的轨道上运行。运动编程时将确定至目标点的距离，TCP 最早允许在此距离处离开其原有轨道，然后精确移至辅助点，如图 3-16 所示。

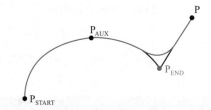

图 3-16　CIRC 运动时的轨迹逼近（P_{END} 已滑过）

5.LIN 运动和 CIRC 运动的方向引导

TCP 在运动的起始点和目标点处的方向可能不同，起始方向可能以多种方式过渡到目标方向，在 TCP 运动编程时必须选择一种方式。LIN 运动和 CIRC 运动的方向引导见表 3-3。

表 3-3　　　　　　　　　　　　　　　LIN 运动和 CIRC 运动的方向引导

方向引导	说明	图示
恒定的方向	TCP 的方向在运动过程中保持不变，如右图所示。对于目标点来说，已编程方向将被忽略，而起始点的编程方向仍保持不变	
标准	TCP 的方向在运动过程中不断变化 （提示：如果工业机器人在标准模式下出现手轴奇点，则可用手动 PTP 来代替）	

续表

方向引导	说明	图示
手动PTP	TCP的方向在运动过程中不断变化,这是由手轴角度的线性转换(与轴相关的运行)引起的,如右图所示(提示:如果工业机器人在标准模式下出现手轴奇点,则可使用手动PTP) TCP的方向在运动过程中的变化并不均匀,所以当工业机器人必须精确地保持特定方向运行时(如在进行激光焊接时),不宜使用手动PTP	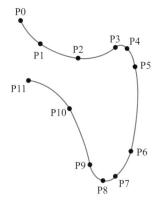

6.样条运动

样条运动是一种适用于复杂曲线轨迹的运动方式,这种轨迹原则上也可以通过轨迹逼近的 LIN 运动和CIRC 运动生成,但是样条运动更有优势。

种类最齐全的样条运动是样条组,如图3-17所示,通过样条组可将多个运动合并成一个总运动。工业机器人控制系统把一个样条组作为一个运动语句进行设计和执行。样条组中的运动称为样条段,可以对它们进行单独示教。KUKA工业机器人的样条组分为两种类型:CP样条组和PTP样条组。CP样条组包含SPTP、SLIN 和 SCIRC 样条段指令,PTP样条组包含SPTP样条段指令。除了样条组之外,也可以对样条单个运动进行编程。

P0
P1 P2 P3 P4
P5
P11
P10
P6
P9
P8 P7

图3-17　带样条组的曲线轨迹

样条组的优点如下:

● 轨迹通过位于轨迹上的点定义,可以简单生成所需的轨迹。

● 与常规运动方式相比,更易于保持编程设定的速度,极少出现减速情况。

● 轨迹曲线始终保持不变,不受倍率、速度或加速度的影响。

● 可以精确地沿圆周和小圆弧运行。

LIN/CIRC的缺点如下:

● 轨迹通过不在轨迹上的轨迹逼近点定义,轨迹逼近区域很难预测,生成所需的轨迹非常烦琐,如图3-18所示。

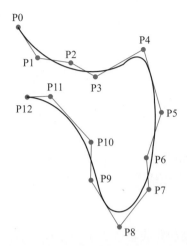

图 3-18 具有轨迹逼近 LIN 运动的曲线轨迹

- 在很多情况下会造成很难预料的速度减小,例如在轨迹逼近区域和邻近点很近时。
- 如果考虑时间因素而无法轨迹逼近,则轨迹曲线会发生改变。
- 轨迹曲线会受倍率、速度或加速度的影响而发生改变。

五 运动规划

给工业机器人手动安装轨迹焊接工具,在轨迹模块上进行轨迹运动作业,各示教点需与轨迹模块保持 8~10 mm 的距离,轨迹运动路径如图 3-19 所示。

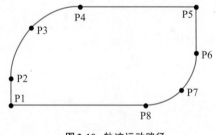

图 3-19 轨迹运动路径

任务实施

一 安装轨迹焊接工具

(1)单击主菜单,选择"显示"→"输入/输出端"→"数字输出端",弹出 I/O 控制界面,选中输出端"3"这一行,单击"值"按钮,如图 3-20 所示。

运动规划(1)

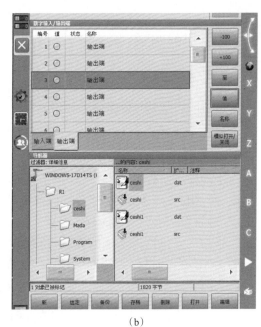

（a）　　　　　　　　　　　　（b）

图3-20　I/O控制界面（1）

（2）单击输出端3的状态按钮,使其强制输出为1,编号"3"后面的圆圈变为绿色,快换末端卡扣收缩,如图3-21所示。

图3-21　强制输出

（3）将轨迹焊接工具手动安装在快换接口法兰上,单击输出端3对应的"值"按钮,使其强制输出为0,编号"3"后面的绿色圆圈变为白色,快换末端卡扣伸出,完成轨迹焊接工具的安装,如图3-22所示。

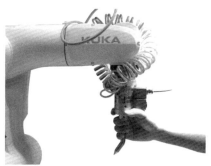

图3-22　安装轨迹焊接工具

二 示教编程

1.新建程序文件

根据前述"创建程序模块"中的方法,将文件命名为"guiji"。

2.新建坐标系

(1)新建工具坐标系(Tool4)

手动操作示教器,使轨迹焊接工具的尖端移动到标定针处,用XYZ 4点法进行TCP标定,用ABC 2点法进行姿态标定(方法同项目二的任务二中所述)。

(2)新建基坐标系(Base4)

移动工业机器人末端的尖端,使其位于轨迹焊接模块的原点且与之垂直,用基坐标系的3点法进行标定(方法同项目二的任务二中所述)。

3.编写程序

(1)打开新建的程序文件"guiji",如图3-23所示。

图3-23 打开程序文件

(2)程序段3和程序段5表示工业机器人的原点(HOME),将光标定位在程序段4,移动工业机器人轨迹焊接工具至轨迹模块的正上方约100 mm处,单击"指令"按钮,选择"运动"→"SPTP",添加SPTP指令,如图3-24所示。

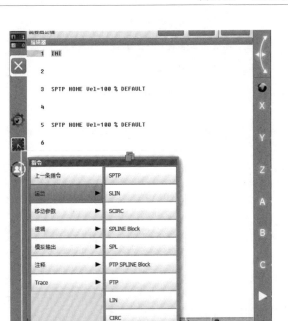

图3-24 添加SPTP指令(1)

(3)单击"P1"后面的箭头按钮,在弹出界面的"工具"和"基坐标"下拉列表中选择前面创建的工具坐标系和基坐标系,再单击图标按钮⊠,如图3-25所示。

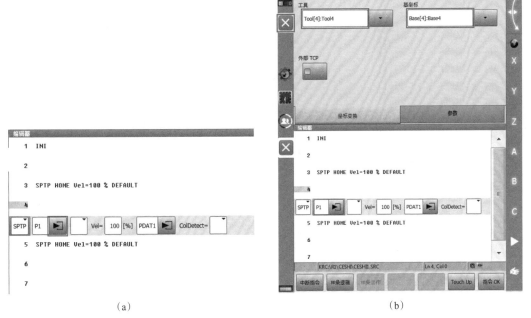

(a)　　　　　　　　(b)

图3-25 添加坐标系

(4)单击"Touch Up"和"指令OK"按钮,完成P1点的示教,如图3-26所示。

图 3-26 P1 点示教(1)

(5)移动工业机器人末端的轨迹焊接工具至轨迹模块 1 点,将光标定位在程序段 5,单击"指令"按钮,选择"运动"→"SLIN",添加 SLIN 指令,如图 3-27 所示。

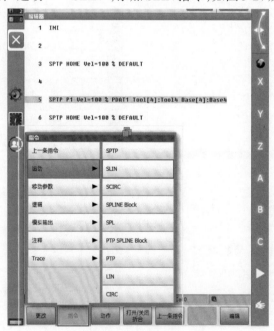

图 3-27 添加 SLIN 指令(1)

(6)单击"Touch Up"和"指令 OK"按钮,完成 P2 点的示教,如图 3-28 所示。

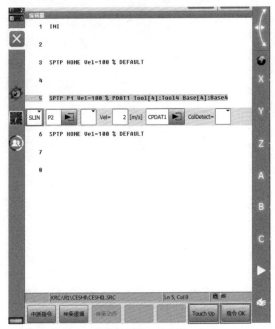

图 3-28　P2 点示教(1)

(7)移动工业机器人末端的轨迹焊接工具至轨迹模块 2 点,将光标定位在程序段 6, 单击"指令"按钮,选择"运动"→"SLIN",添加 SLIN 指令,如图 3-29 所示。

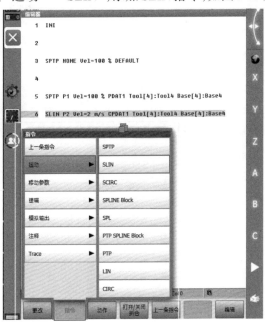

图 3-29　添加 SLIN 指令(2)

(8)单击"Touch Up"和"指令 OK"按钮,完成 P3 点的示教,如图 3-30 所示。

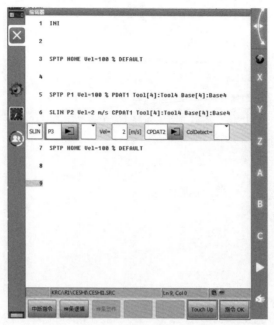

图3-30　P3点示教(1)

（9）移动工业机器人末端的轨迹焊接工具至轨迹模块3点，将光标定位在程序段7，单击"指令"按钮，选择"运动"→"SCIRC"，添加SCIRC指令，如图3-31所示。

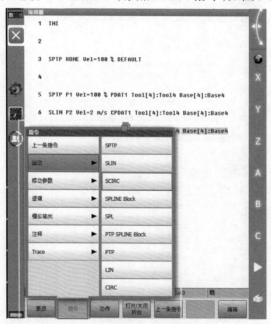

图3-31　添加SCIRC指令(1)

（10）单击"Touchup辅助点"按钮，完成P5点的示教，如图3-32所示。

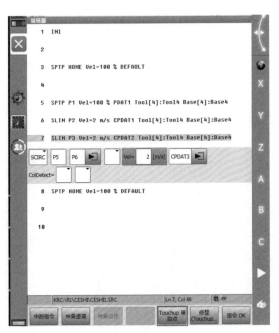

图 3-32 P5 点示教（1）

（11）移动工业机器人末端的轨迹焊接工具至轨迹模块 4 点，单击"修整（Touchup 端点）"和"指令 OK"按钮，完成 P5 和 P6 点的示教，如图 3-33 所示。

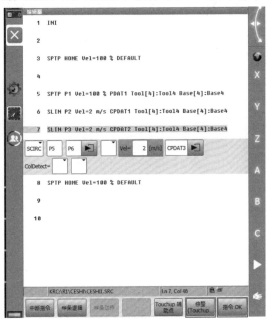

图 3-33 P5 和 P6 点示教

（12）移动工业机器人末端的轨迹焊接工具至轨迹模块 5 点，将光标定位在程序段 8，单击"指令"按钮，选择"运动"→"SLIN"，添加 SLIN 指令，如图 3-34 所示。

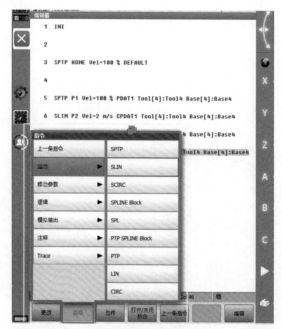

图 3-34　添加 SLIN 指令(3)

（13）单击"Touch Up"和"指令 OK"按钮，完成 P7 点的示教，如图 3-35 所示。

图 3-35　P7 点示教(1)

（14）移动工业机器人末端的轨迹焊接工具至轨迹模块 6 点，将光标定位在程序段 9，单击"指令"按钮，选择"运动"→"SLIN"，添加 SLIN 指令，如图 3-36 所示。

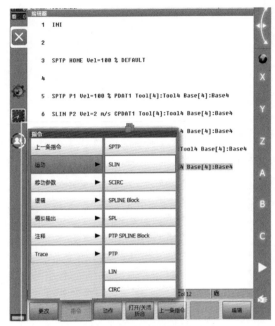

图3-36　添加SLIN指令(4)

(15)单击"Touch Up"和"指令OK"按钮,完成P8点的示教,如图3-37所示。

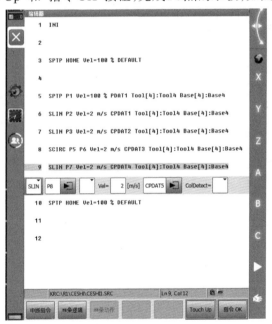

图3-37　P8点示教(1)

(16)将光标定位在程序段10,单击"指令"按钮,选择"运动"→"SCIRC",添加SCIRC指令,如图3-38所示。

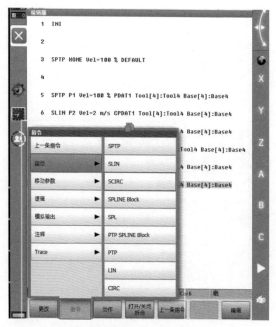

图3-38 添加SCIRC指令（2）

（17）移动工业机器人末端的轨迹焊接工具至轨迹模块7点，单击"Touchup辅助点"按钮，完成P9点的示教，如图3-39所示。

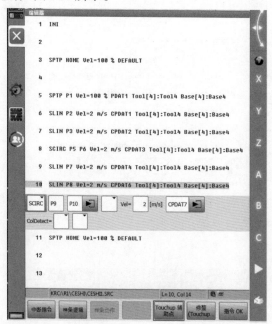

图3-39 P9点示教（1）

（18）移动工业机器人末端的轨迹焊接工具至轨迹模块8点，单击"修整（Touchup端点）"和"指令OK"按钮，完成P9和P10点的示教，如图3-40所示。

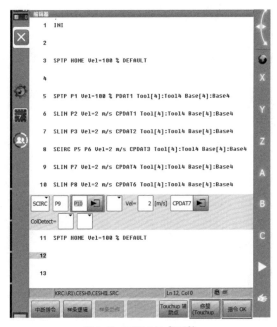

图3-40 P9和P10点示教

（19）将光标定位在程序段11，单击"指令"按钮，选择"运动"→"SLIN"，添加SLIN指令，如图3-41所示。

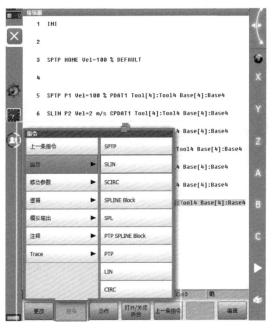

图3-41 添加SLIN指令（5）

（20）移动工业机器人末端的轨迹焊接工具至轨迹模块1点，单击"Touch Up"和"指令OK"按钮，完成P11点的示教，如图3-42所示。

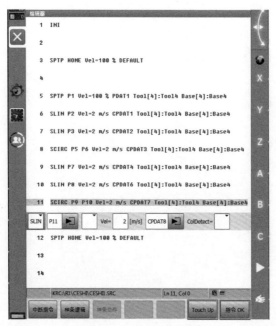

图3-42 P11点示教(1)

(21)将光标定位在程序段12,单击"指令"按钮,选择"运动"→"SLIN",添加SLIN指令,如图3-43所示。

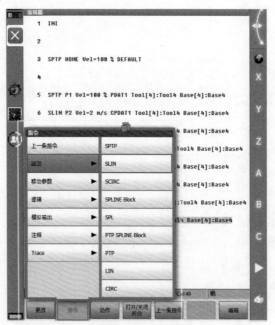

图3-43 添加SLIN指令(6)

(22)移动工业机器人末端的轨迹焊接工具至轨迹模块1点上方约100 mm处,单击"Touch Up"和"指令OK"按钮,完成P12点的示教,如图3-44所示。

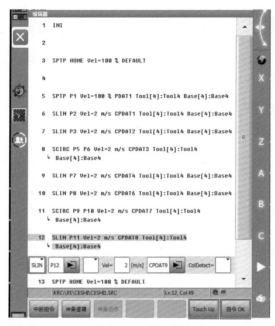

图3-44　P12点示教(1)

(23)程序编写完成,结果如图3-45所示。

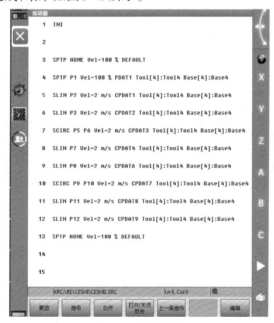

图3-45　总程序(1)

4.运行与调试程序

(1)加载程序

选中"guiji"程序文件,单击"选定"按钮,完成程序的加载,如图3-46所示。

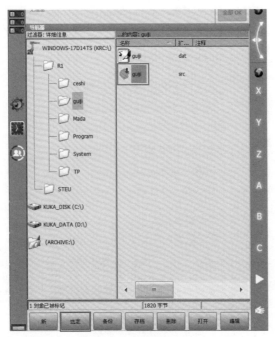

图 3-46　加载程序(1)

（2）试运行程序

程序加载完成后，程序的第一行会出现一个蓝色指示箭头，如图 3-47 所示。使示教器上的白色确认开关保持在中间挡，按住示教器左侧的绿色三角形正向运行键 ▶，状态栏中的运行键"R"和程序内部运行状态的文字说明变为绿色，表示程序开始试运行，蓝色指示箭头依次下移。

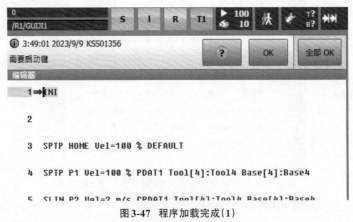

图 3-47　程序加载完成(1)

（3）自动运行程序

经过试运行确保程序无误后，方可自动运行程序，具体操作步骤如下：

①加载程序。

②手动运行程序，直至程序提示 BCO 信息。

③利用连接管理器切换运行方式。将连接管理器转动到"锁紧"位置，弹出运行方

式,选择"Aut",再将连接管理器转动到"开锁"位置,此时示教器顶端状态栏中的"T1"改为"Aut"。

④为安全起见,降低工业机器人的自动运行速度,在第一次运行程序时,建议将程序调节量设定为10%。

⑤单击示教器左侧的绿色三角形正向运行键 ▶ ,程序自动运行,工业机器人自动完成轨迹任务。

任务拓展

工业机器人的轨迹泛指工业机器人在运动过程中的轨迹,其定义不仅限于工业机器人的运动路径,还包括工业机器人的末端执行器在执行任务时的位置、速度和加速度的变化。工业机器人在作业空间中要完成给定的任务,其手部必须按一定的轨迹进行运动。不同的使用场合需要使用不同的轨迹规划方案。

在现代工业自动化应用领域,如焊接、喷涂中,工业机器人的末端执行器必须按照一定的作业要求进行运动,对其位移、速度、加速度都有严格的要求,所以必须进行特定的轨迹规划。

轨迹规划方案决定了工业机器人的运动方式、作业精度和使用寿命,合理的轨迹规划方案不仅可以使工业机器人准确地完成作业任务,还可以保证良好的运动平稳性和较轻的机械磨损,在工作效率和能量消耗上达到最优水平。轨迹规划的目的是找到工业机器人在运动过程中时间和空间两者之间的联系,规划出工业机器人的运动轨迹,使其能够精确、可靠地完成特定的工作,如图3-48所示。

图3-48　工业机器人切割应用

对于执行抓放作业的工业机器人(如用于上、下料),需要描述其起始状态和目标状态,即工具坐标系的起始值和目标值。在此,用"点"这个词来表示工具坐标系的位置和姿态(简称位姿),例如起始点和目标点等。对于另外一些作业,如弧焊和曲面加工等,不仅要规定机械手的起始点和目标点,还要指明两点之间的若干中间点(路径点),必须沿特定的路径运动(路径约束)。这类运动称为连续路径运动或轮廓运动,前者又称为点到点运动。

在规划工业机器人的运动轨迹时,还需要弄清楚在其路径上是否存在障碍物(障碍约束)。根据有无路径约束和障碍约束的组合,可将轨迹规划划分为四类。轨迹规划器可被形象地看成一个黑箱,其输入包括路径的设定和约束,输出的是机械手末端手部的位姿序列,表示手部在各离散时刻的中间位形。

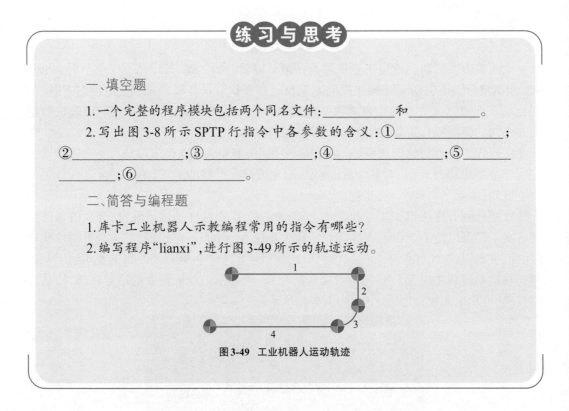

练习与思考

一、填空题

1.一个完整的程序模块包括两个同名文件:_____和_____。

2.写出图3-8所示SPTP行指令中各参数的含义:①_____;②_____;③_____;④_____;⑤_____;⑥_____。

二、简答与编程题

1.库卡工业机器人示教编程常用的指令有哪些?

2.编写程序"lianxi",进行图3-49所示的轨迹运动。

图3-49 工业机器人运动轨迹

任务二　工业机器人搬运应用编程与调试

📝 任务说明

本任务的说明见表3-4。

表3-4　　　　　　　　　　　　　　　　　任务说明(2)

任务描述	将旋转供料模块和立体仓储模块安装在工作台指定位置,在工业机器人末端手动安装平口夹爪工具,在旋转供料模块上摆放一个柔轮组件。工业机器人自动从工作原点开始执行搬运任务,将柔轮组件从旋转供料模块搬运到立体仓储模块的库位中,柔轮组件与立体仓储模块的库位完全贴合,完成搬运任务后工业机器人返回工作原点
	职业技能(能力)要求
行为	利用KUKA工业机器人将柔轮组件从旋转供料模块搬运到立体仓储模块,需要依次进行程序文件创建、程序编写、目标点示教、工业机器人程序调试,完成整个搬运工作任务
条件	KUKA-KR4型工业机器人、控制器、电源、示教器、旋转供料模块、立体仓储模块、平口夹爪工具、柔轮组件、气泵
知识技能素质	(1)严格遵守实训室安全操作规范 (2)会创建程序文件 (3)掌握I/O控制方法在程序中的应用 (4)能够正确完成搬运练习的示教程序 (5)能够正确应用工业机器人运动指令 (6)能够正确调试并自动运行程序 (7)坚持科技是第一生产力,坚定科技报国的决心(扫码学习)　　拓展阅读
成果	(1)熟练使用示教器的功能 (2)熟练应用I/O控制 (3)能够自主完成程序的编写并实现自动运行

📝 知识储备

I/O即输入/输出端口。每个设备都有一个专用的I/O地址,用来处理自己的输入/输出信息。工业机器人要实现相关的控制功能,就要有相应的输入/输出部件,同电气回路一样,这在工业机器人中称为I/O点,它用端子的形式将工业现场的各种设备与相应的I/O端进行连接,随后即可投入使用。

一般情况下数字量的输入/输出类型都是DC型,即直流输入/输出,一般为24 V,也有交流输入/输出的。开关量信号或数字量信号只有两种状态,在KUKA工业机器人控制系统中显示为"TRUE"或"FALSE"。

I/O控制在程序中的应用方法如下：

1.专家用户组登录

单击主菜单，选择"配置"→"用户组"，单击"专家"，弹出键盘窗口，输入登录密码"KUKA"，然后单击"登录"按钮，如图3-50所示。

图3-50　登录专家用户组

2.新建程序文件

选中要存放程序文件的文件夹，单击"新"按钮，弹出选择模板窗口，选择"Modul"，单击"OK"按钮，输入文件名称，再单击"OK"按钮，完成程序文件的创建，如图3-51所示。

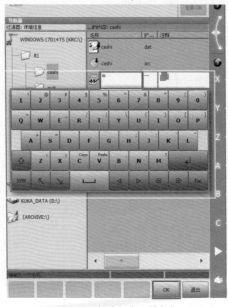

图3-51　新建程序文件(1)

3. 添加 OUT 指令

打开新建的程序文件,单击"指令"按钮,选择"逻辑"→"OUT"→"OUT",添加 OUT 指令,如图 3-52 所示。

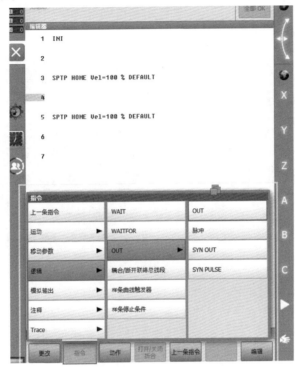

图 3-52　添加 OUT 指令(1)

4. 设置参数

第一个参数表示 I/O 值,可以根据想要实现的功能进行输入;第二个参数表示输入的 I/O 值的状态,"TRUE"表示启动 I/O,"FALSE"表示关闭 I/O;第三个参数中"CONT"表示指令被预进指针执行,空白表示指令触发预进停止,如图 3-53 所示。

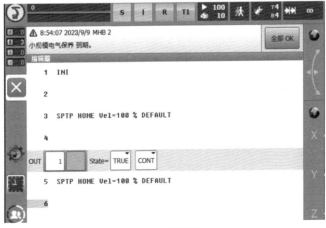

图 3-53　设置参数(1)

✎ 任务实施

一 运动规划

柔轮摆放位置如图3-54所示。

（a）   （b）

图3-54 柔轮摆放位置(1)

搬运柔轮的运动规划如下：

(1)安装工具：手动安装平口夹爪。

(2)搬运柔轮：移动平口夹爪至旋转供料模块上柔轮组件的正上方→张开平口夹爪→直线向下移动至抓取柔轮状态→夹紧柔轮→直线向上移动一定距离→移动柔轮至立体仓储模块待放柔轮仓位的正上方→直线向下移动至仓位上→松开平口夹爪→向上移动一定距离→返回工作原点。

(3)将平口夹爪放回快换工具模块。

二 安装平口夹爪

1.I/O分配(表3-5)

表3-5   工业机器人I/O分配(1)

I/O变量	编号	功能
数字量I/O	1	平口夹爪夹紧
	2	平口夹爪松开
	3	末端法兰的卡扣收缩/伸出

2.手动安装平口夹爪

（1）单击主菜单，选择"显示"→"输入/输出端"→"数字输出端"，弹出I/O控制界面，选中输出端"3"这一行，单击"值"按钮，如图3-55所示，原本灰色的圆圈变成绿色，表示末端法兰的卡扣处于收缩状态。

（a）　　　　　　　　　　　　　　（b）

图3-55　I/O控制界面（2）

（2）手动将平口夹爪安装到接口法兰处，再次选中输出端"3"这一行，单击"值"按钮，绿色圆圈变成灰色，表示末端法兰的卡扣处于伸出状态，平口夹爪安装完毕，如图3-56所示。

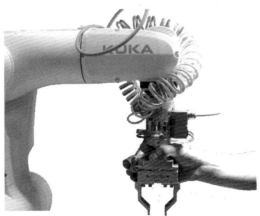

图3-56　手动安装平口夹爪（1）

三 示教编程

1.新建程序文件

打开示教器,选中或新建一个文件夹,在该文件夹下单击"新"按钮,新建程序文件并将其命名为"banyun",如图3-57所示。

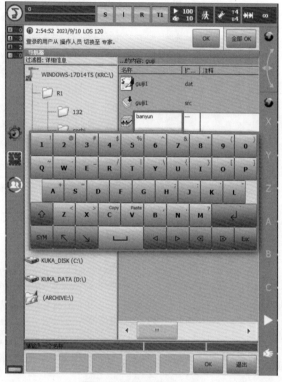

图3-57 新建程序文件(2)

2.新建坐标系

(1)新建工具坐标系(Tool5)

选取旋转供料模块上柔轮组件的一个点,再选择末端工具平口夹爪的某个尖端,用XYZ 4点法进行TCP标定,用ABC 2点法进行姿态标定(方法同项目二的任务二中所述)。

(2)新建基坐标系

以旋转供料模块为平面,选择末端工具平口夹爪的某个尖端,用基坐标系的3点法进行标定(Base5);以立体仓储模块为平面,选择末端工具平口夹爪的某个尖端,用基坐标系的3点法进行标定(Base6)(方法同项目二的任务二中所述)。

3.编写程序

(1)打开新建的程序文件,进入程序编辑器,如图3-58所示。

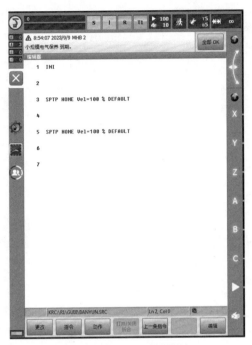

图3-58　进入程序编辑器(1)

(2)从工作原点开始移动工业机器人末端的平口夹爪至距旋转供料模块上柔轮组件的正上方一定距离(约80 mm),将光标定位在程序段3,单击"指令"按钮,选择"运动"→"SPTP",添加SPTP指令,如图3-59所示。

图3-59　添加SPTP指令(2)

(3)单击"P1"右边的箭头按钮,弹出坐标变换窗口,工具坐标系选择"Tool5",基坐标系选择"Base5",单击图标按钮❌,如图3-60所示。

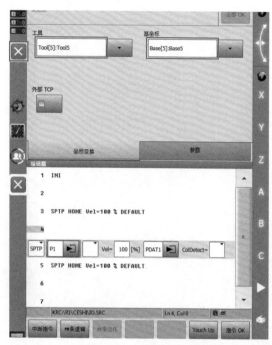

图3-60 修改参数(1)

（4）单击"Touch Up"和"指令OK"按钮,完成P1点的示教,如图3-61所示。

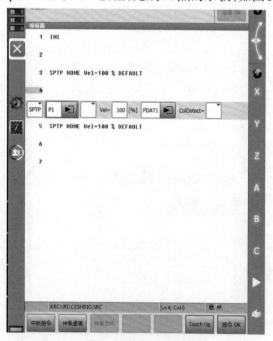

图3-61 P1点示教(2)

（5）单击"指令"按钮,选择"逻辑"→"OUT"→"脉冲",添加脉冲指令,如图3-62所示。

图3-62 添加脉冲指令(1)

（6）设PULSE编号为"2"，State状态为"TRUE"，后面的参数为空白，Time为"0.1"，单击"指令OK"按钮，如图3-63所示。该条指令表示平口夹爪松开柔轮。

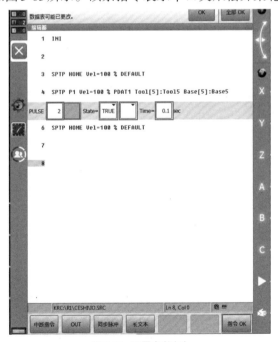

图3-63 设置参数(2)

（7）直线向下移动工业机器人末端的平口夹爪至抓取柔轮处，单击"指令"按钮，选择"运动"→"SLIN"，添加SLIN指令，如图3-64所示。

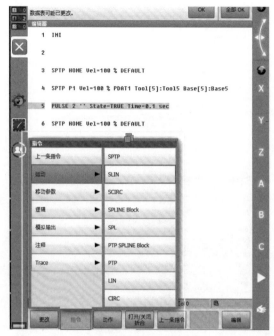

图3-64 添加SLIN指令(7)

(8)单击"Touch Up"和"指令OK"按钮,完成P2点的示教,如图3-65所示。

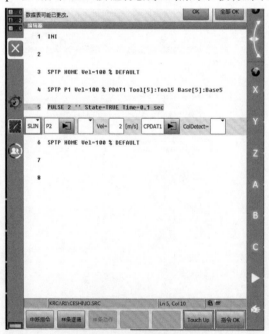

图3-65 P2点示教(2)

(9)将光标定位在程序段6,单击"指令"按钮,选择"逻辑"→"OUT"→"脉冲",添加脉冲指令,如图3-66所示。

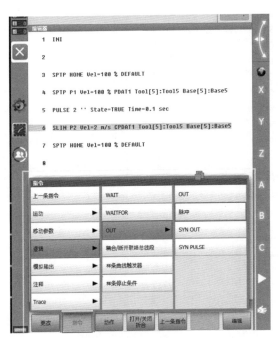

图3-66 添加脉冲指令(2)

（10）设PULSE编号为"1"，State状态为"TRUE"，后面的参数为空白，Time为"0.1"，单击"指令OK"按钮，如图3-67所示。该条指令表示平口夹爪抓紧柔轮。

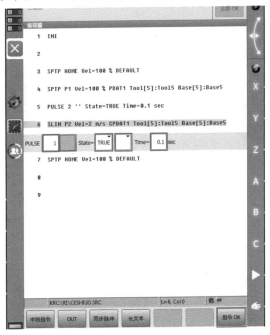

图3-67 设置参数(3)

（11）将光标定位在程序段7，单击"指令"按钮，选择"逻辑"→"WAIT"，设Time为"2"，单击"指令OK"按钮，添加WAIT指令，如图3-68所示。

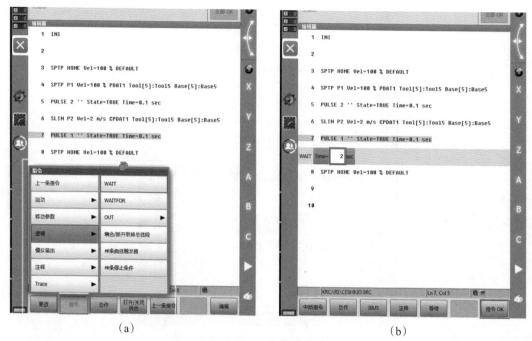

(a)   (b)

图3-68 添加WAIT指令(1)

(12)将光标定位在程序段8,单击"指令"按钮,选择"运动"→"SLIN",添加SLIN指令,如图3-69所示。

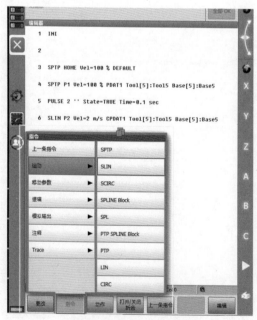

图3-69 添加SLIN指令(8)

(13)垂直向上移动工业机器人末端的平口夹爪一定距离,单击"Touch Up"和"指令OK"按钮,完成P3点的示教,如图3-70所示。

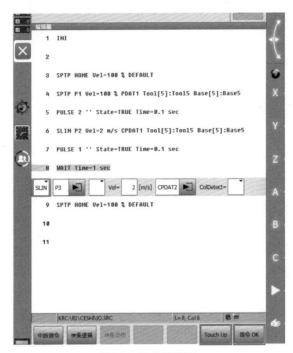

图3-70 P3点示教(2)

(14)将光标定位在程序段9,单击"指令"按钮,选择"运动"→"SPTP",添加SPTP指令,如图3-71所示。

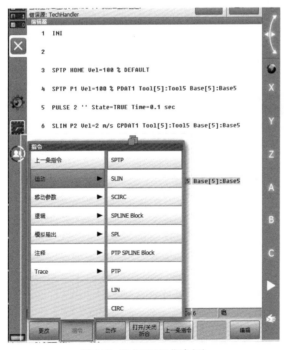

图3-71 添加SPTP指令(3)

(15)调整工业机器人末端工具抓取的柔轮至立体仓储模块仓位的正上方,单击"Touch Up"和"指令OK"按钮,完成P4点的示教,如图3-72所示。

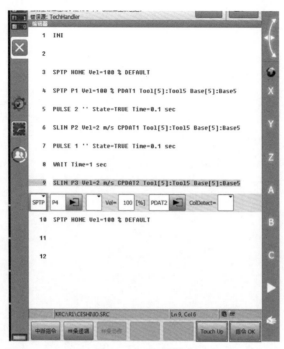

图3-72　P4点示教(1)

(16)将光标定位在程序段10,单击"指令"按钮,选择"运动"→"SLIN",添加SLIN指令,如图3-73所示。

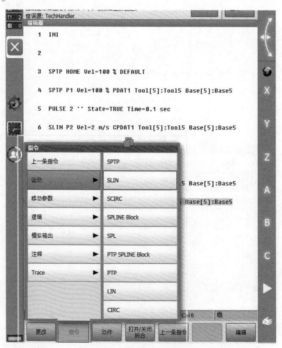

图3-73　添加SLIN指令(9)

(17)垂直向下移动工业机器人末端的平口夹爪,使柔轮恰好放置在指定仓位上,单击"Touch Up"和"指令OK"按钮,完成P5点的示教,如图3-74所示。

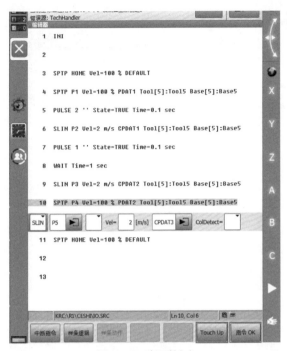

图3-74　P5点示教(2)

(18)将光标定位在程序段11,单击"指令"按钮,选择"逻辑"→"OUT"→"脉冲",添加脉冲指令。设 PULSE 编号为"2",State 状态为"TRUE",后面的参数为空白,Time 为"0.1",单击"指令OK"按钮,如图3-75所示。

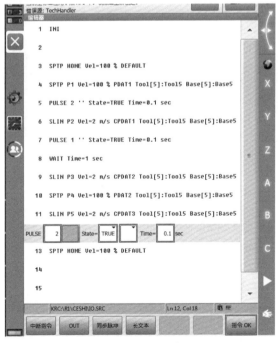

图3-75　添加脉冲指令(3)

(19)垂直向上移动一段距离,添加 SLIN 指令,单击"Touch Up"和"指令 OK"按钮,完成 P6 点的示教,如图 3-76 所示。

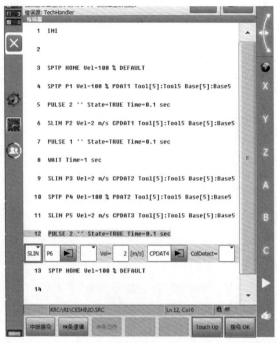

图 3-76 P6 点示教(1)

(20)程序编写完成,结果如图 3-77 所示。

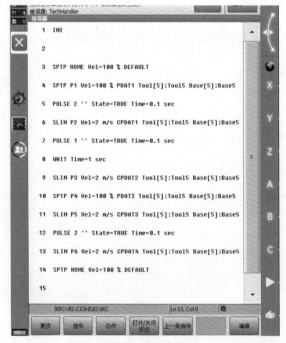

图 3-77 总程序(2)

4.运行与调试程序

（1）加载程序

选中"banyun"程序文件,单击"选定"按钮,完成程序的加载,如图3-78所示。

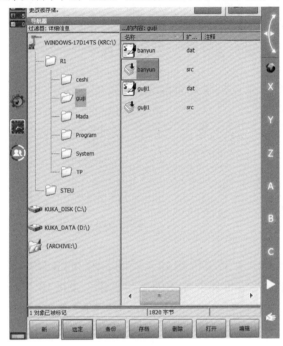

图3-78　加载程序(2)

（2）试运行程序

程序加载完成后,程序的第一行会出现一个蓝色指示箭头,如图3-79所示。使示教器上的白色确认开关保持在中间挡,按住示教器左侧的绿色三角形正向运行键,状态栏中的运行键"R"和程序内部运行状态的文字说明变为绿色,表示程序开始试运行,蓝色指示箭头依次下移。

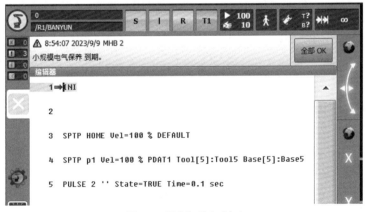

图3-79　程序加载完成(2)

（3）自动运行程序

经过试运行确保程序无误后，方可自动运行程序，具体操作步骤如下：

①加载程序。

②手动运行程序，直至程序提示BCO信息。

③利用连接管理器切换运行方式。将连接管理器转动到"锁紧"位置，弹出运行方式，选择"Aut"，再将连接管理器转动到"开锁"位置，此时示教器顶端状态栏中的"T1"改为"Aut"。

④为安全起见，降低工业机器人的自动运行速度，在第一次运行程序时，建议将程序调节量设定为10%。

⑤单击示教器左侧的绿色三角形正向运行键 ，程序自动运行，工业机器人自动完成搬运任务。

任务拓展

最早的搬运机器人出现在20世纪60年代的美国，VERSTRAN和UNIMATE机器人被首次用于搬运作业。目前世界上使用的搬运机器人超过10万台。搬运机器人可承受较大的载荷，能胜任各种高精度、高速度和高灵活性的作业。

搬运机器人中应用较多的是6轴搬运机器人和4轴搬运机器人。6轴搬运机器人主要用于重物搬运作业，适用于汽车、机械制造及建材等行业；4轴搬运机器人由于其运动轨迹近乎为直线且可高速作业，故主要用于高速码垛和包装，适用于电子、食品及医药等行业。

目前搬运仍然是工业机器人的第一大应用领域，约占工业机器人整体应用的40%。许多自动化生产线需要使用工业机器人进行上下料、搬运以及码垛等操作。近年来，随着协作机器人的兴起，搬运机器人的市场份额呈持续增长态势。

AGV作为搬运机器人领域的新技术，普遍应用于电子、汽车、家电等自动化行业。随着制造业向智能化方向发展，AGV在原材料上线、成品下线、仓储及货物出库等方面已成为物流仓储的最佳选择。一些大型电商平台的物流配送中心采用全自动化运作，这些全自动化的应用场景由成千上万的不同设备和子系统组成，在整个系统里有数以万计的物料单元和子单元被输送、搬运、存放、拣选等。

通常来讲，一个完整的自动仓储物流系统主要处理物料流和信息流这两方面内容。物料流简单来讲指的是物料的存放和搬运，具体来讲需要解决的问题有很多，比如如何让物料单元动起来，在何种条件下让物料单元动起来，如何让物料单元按照搬运工艺要求加速、减速、匀速运动，如何使物料被搬运后能准确地到达指定位置等。信息流能对系统中所包含的设备、子系统及其所有物料单元的状态、位置、数量、历史数据、任务记录等数据进行跟踪和管理。

练习与思考

一、填空题

1.当运行程序时,状态栏的_____和程序内部运行状态的文字说明为_____色,表示程序开始试运行。

2.手动安装平口夹爪时,I/O控制界面上编号"3"的绿色圆圈变成灰色,表示末端法兰的卡扣处于_____状态。

3.如图3-80所示,第一个参数表示_____,可以根据想要实现的功能进行输入;第二个参数表示_____,"TRUE"表示_____,"FALSE"表示_____;第三个参数中"CONT"表示_____,空白表示_____。

图3-80　设置参数(4)

二、编程题

将旋转供料模块和立体仓储模块安装在工作台指定位置,在工业机器人末端手动安装平口夹爪工具,在旋转供料模块上摆放一个柔轮组件,利用示教器进行现场操作编程,按下启动按钮后,工业机器人自动从工作原点开始执行搬运任务,将柔轮组件从旋转供料模块搬运至立体仓储模块的库位中,搬运完成后工业机器人返回工作原点。搬运参考图如图3-81所示。

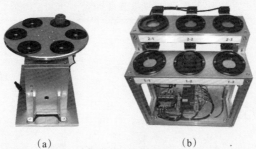

（a）　　　　　　　　　　（b）

图3-81　搬运参考图

任务三　工业机器人码垛应用编程与调试

任务说明

本任务的说明见表3-6。

表3-6　　　　　　　　　　　　　　　　　　　任务说明(3)

任务描述	将码垛模块安装在工作台指定位置,在工业机器人末端手动安装吸盘工具,利用示教器进行现场操作与编程,按下启动按钮后,工业机器人自动从工作原点开始执行码垛任务,码垛完成后工业机器人返回工作原点
职业技能(能力)要求	
行为	使用工业机器人在码垛模块上抓取工件,对工件进行码垛操作,需要完成I/O配置、程序创建、目标点示教、程序编写及调试等
条件	KUKA-KR4型工业机器人、控制器、电源、示教器、码垛模块、吸盘工具、气泵
知识技能素质	(1)严格遵守实训室安全操作规范 (2)掌握程序文件的创建方法 (3)了解程序运行方式及语句指针的含义 (4)能够正确规划码垛运动轨迹 (5)能够正确建立工具坐标系和基坐标系 (6)能够正确完成码垛练习的示教编程 (7)能够正确应用工业机器人运动指令 (8)能够正确编写并自动运行程序 (9)了解工业机器人码垛的应用,培养推陈出新的大国工匠精神(扫码学习)
成果	(1)了解程序运行的几种方式 (2)了解程序运行时语句指针的含义 (3)能够自主完成码垛程序的编写并实现自动运行

拓展阅读

知识储备

一　程序运行方式

如图3-82所示,单击示教器屏幕上方的图标按钮，可以选择程序运行方式。程序运行方式有"Go""动作""单个步骤"三种,具体说明见表3-7。

图 3-82　程序运行方式

表 3-7　　　　　　　　　　　　　　程序运行方式

运行方式	状态显示	说明
Go		程序不停顿地运行,直至程序结尾 所需的用户权限:功能组程序运行设置
动作		程序运行过程中在每个点上暂停,包括在辅助点和样条段点上暂停,对每个点都必须重新按下启动按钮 所需的用户权限:功能组程序运行设置
单个步骤		程序在每一程序行后暂停,在不可见的程序行和空行后也要暂停,对每一行都必须重新按下启动按钮 所需的用户权限:功能组关键手动运行设置

二 语句指针

程序运行时,语句指针显示以下信息:

（1）工业机器人正在执行或结束的运动。

（2）是否移到一个辅助点或目标点上。

（3）工业机器人执行程序的方向。

语句指针的具体说明见表3-8。

表 3-8　　　　　　　　　　　　　　　语句指针

指针	方向	说明
（蓝）	向前	移动至目标点
（红）	逆向	
（蓝）	向前	以精确暂停到达目标点
（红）	逆向	
（蓝）	向前	移动至辅助点
（红）	逆向	
（蓝）	向前	以精确暂停到达辅助点
（红）	逆向	

✎ 任务实施

一 运动规划

码垛工件摆放位置如图3-83所示,码垛完成样例如图3-84所示。

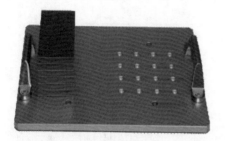

图3-83 码垛工件摆放位置(1)

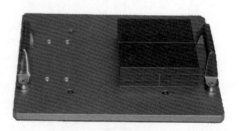

图3-84 码垛完成样例(2)

工业机器人码垛运动过程可分为抓取工件、搬运工件、放置工件三个步骤,图3-85所示为工件放置顺序。

工件5(前)	工件6(前)
工件2	工件4
工件1	工件3

图3-85 工件放置顺序

码垛过程如下:

(1)安装工具:手动安装吸盘。

(2)码垛:用吸盘抓取工件→搬运工件至目标点→将工件放置在目标点(依次对工件1~6进行操作)。

(3)将吸盘放回快换工具模块。

运动规划(2)

二 安装吸盘工具

(1)单击主菜单,选择"显示"→"输入/输出端"→"数字输出端",弹出I/O控制界面,选中输出端"3"这一行,单击"值"按钮,如图3-86所示,原本灰色的圆圈变成绿色,表示末端法兰的卡扣处于收缩状态。

（a）

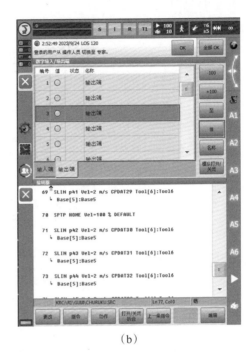

（b）

图 3-86　I/O 控制界面（3）

（2）手动将吸盘工具安装到接口法兰处,再次选中输出端"3"这一行,单击"值"按钮,绿色圆圈变成灰色,表示末端法兰的卡扣处于伸出状态,吸盘工具安装完毕,如图 3-87 所示。

图 3-87　安装吸盘工具

三　示教编程

1.新建程序文件

打开示教器,选中或新建一个文件夹,在该文件夹下单击"新"按钮,新建程序文件并将其命名为"maduo",如图 3-88 所示。

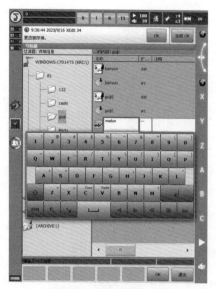

图3-88 新建程序文件(3)

2.新建坐标系

(1)新建工具坐标系(Tool5)

选取码垛模块上工件的一个点,再选择末端工具吸盘的某个尖端,用XYZ 4点法进行TCP标定,用ABC 2点法进行姿态标定(方法同项目二的任务二中所述)。

(2)新建基坐标系(Base5)

以码垛模块为平面,选择末端工具吸盘的某个尖端,用基坐标系的3点法进行标定(方法同项目二的任务二中所述)。

3.编写程序

(1)打开新建的程序文件,进入程序编辑器,如图3-89所示。

图3-89 进入程序编辑器(2)

（2）从工作原点开始移动工业机器人末端的吸盘工具至距码垛模块第一个工件中心点的正上方一定距离（约80 mm），将光标定位在程序段3，单击"指令"按钮，选择"运动"→"SPTP"，添加SPTP指令，如图3-90所示。

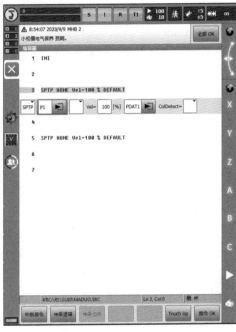

图3-90 添加SPTP指令（4）

（3）单击"P1"右边的箭头按钮，弹出坐标变换窗口，工具坐标系选择"Tool5"，基坐标系选择"Base5"，单击图标按钮，如图3-91所示。

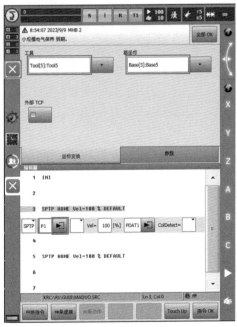

图3-91 修改参数（2）

（4）单击"Touch Up"和"指令OK"按钮，完成P1点的示教，如图3-92所示。

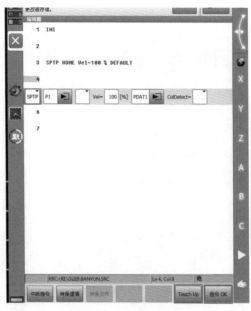

图3-92 P1点示教（3）

（5）单击"指令"按钮，选择"运动"→"SLIN"，添加SLIN指令，如图3-93所示。直线向下移动工业机器人末端的吸盘工具至第一个工件的中心处。

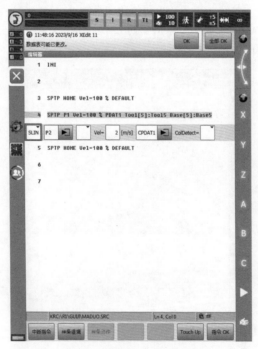

图3-93 添加SLIN指令（10）

（6）单击"Touch Up"和"指令OK"按钮，完成P2点的示教，如图3-94所示。

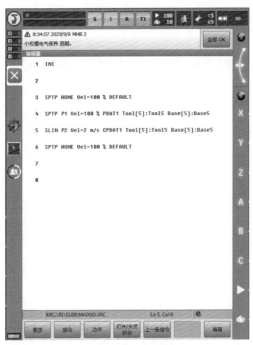

图3-94　P2点示教(3)

(7)将光标定位在程序段5,单击"指令"按钮,选择"逻辑"→"OUT"→"OUT",添加OUT指令。设OUT编号为"6",State状态为"TRUE",后面的参数为空白,单击"指令OK"按钮,如图3-95所示。该条指令表示吸盘将工件1吸住。

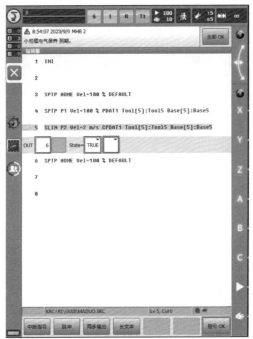

图3-95　添加OUT指令(2)

(8)将光标定位在程序段6,单击"指令"按钮,选择"逻辑"→"WAIT",添加WAIT指令。设Time为"2",单击"指令OK"按钮,如图3-96所示。该条指令表示确保吸盘将工件1吸住。

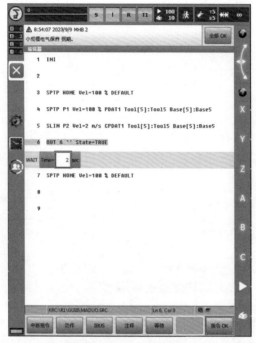

图3-96　添加WAIT指令(2)

(9)将光标定位在程序段7,单击"指令"按钮,选择"运动"→"SLIN",添加SLIN指令。操作示教器,垂直向上提升工件1至一定高度,单击"Touch Up"和"指令OK"按钮,完成P3点的示教,如图3-97所示。

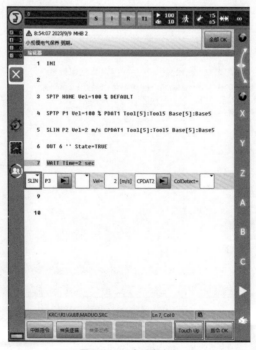

图3-97　P3点示教(3)

（10）将光标定位在程序段8，单击"指令"按钮，选择"运动"→"SPTP"，添加SPTP指令。操作示教器，移动工件1至需要放置的点的正上方一定距离，单击"Touch Up"和"指令OK"按钮，完成P4点的示教，如图3-98所示。

图3-98 P4点示教（2）

（11）将光标定位在程序段9，单击"指令"按钮，选择"运动"→"SLIN"，添加SLIN指令。操作示教器，垂直向下放置工件1至目标点，单击"Touch Up"和"指令OK"按钮，完成P5点的示教，如图3-99所示。

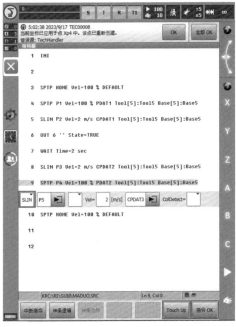

图3-99 P5点示教（3）

（12）将光标定位在程序段10，单击"指令"按钮，选择"逻辑"→"OUT"→"OUT"，添加OUT指令。设OUT编号为"6"，State状态为"FALSE"，后面的参数为空白，单击"指令OK"按钮，如图3-100所示。该条指令表示吸盘将工件1松开。

图3-100 添加OUT指令（3）

（13）将光标定位在程序段11，单击"指令"按钮，选择"运动"→"SLIN"，添加SLIN指令。操作示教器，垂直向上提升吸盘至一定距离，单击"Touch Up"和"指令OK"按钮，完成P6点的示教，如图3-101所示。

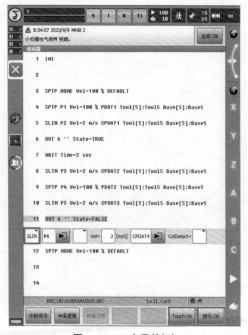

图3-101 P6点示教（2）

（14）将光标定位在程序段12，单击"指令"按钮，选择"运动"→"SPTP"，添加SPTP指令。操作示教器，移动吸盘至工件2中心点的正上方一定距离，单击"Touch Up"和"指令OK"按钮，完成P7点的示教，如图3-102所示。

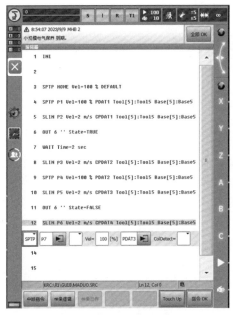

图3-102 P7点示教（2）

（15）将光标定位在程序段13，单击"指令"按钮，选择"运动"→"SLIN"，添加SLIN指令。操作示教器，垂直向下移动吸盘至工件2的中心处，单击"Touch Up"和"指令OK"按钮，完成P8点的示教，如图3-103所示。

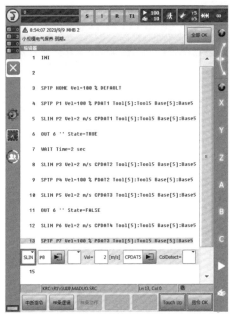

图3-103 P8点示教（2）

（16）将光标定位在程序段14，单击"指令"按钮，选择"逻辑"→"OUT"→"OUT"，添加OUT指令。设OUT编号为"6"，State状态为"TRUE"，后面的参数为空白，单击"指令OK"按钮，如图3-104所示。该条指令表示吸盘将工件2吸住。

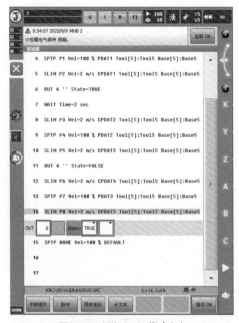

图3-104　添加OUT指令（4）

（17）将光标定位在程序段15，单击"指令"按钮，选择"运动"→"SLIN"，添加SLIN指令。操作示教器，将工件2垂直向上提升一定距离，单击"Touch Up"和"指令OK"按钮，完成P9点的示教，如图3-105所示。

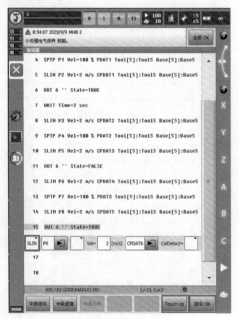

图3-105　P9点示教（2）

（18）将光标定位在程序段16，单击"指令"按钮，选择"运动"→"SPTP"，添加SPTP指令。操作示教器，将工件2移动至目标点正上方一定距离，单击"Touch Up"和"指令OK"按钮，完成P10点的示教，如图3-106所示。

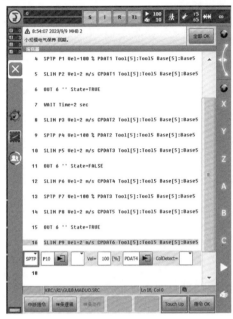

图3-106　P10点示教（1）

（19）将光标定位在程序段17，单击"指令"按钮，选择"运动"→"SLIN"，添加SLIN指令。操作示教器，将工件2垂直向下移动至目标点，单击"Touch Up"和"指令OK"按钮，完成P11点的示教，如图3-107所示。

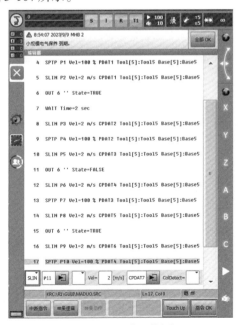

图3-107　P11点示教（2）

（20）将光标定位在程序段18，单击"指令"按钮，选择"逻辑"→"OUT"→"OUT"，添加OUT指令。设OUT编号为"6"，State状态为"FALSE"，后面的参数为空白，单击"指令OK"按钮，如图3-108所示。该条指令表示吸盘将工件2松开。

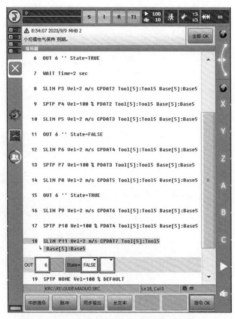

图3-108　添加OUT指令（5）

（21）将光标定位在程序段19，单击"指令"按钮，选择"运动"→"SLIN"，添加SLIN指令。操作示教器，将吸盘垂直向上移动一定距离，单击"Touch Up"和"指令OK"按钮，完成P12点的示教，如图3-109所示。

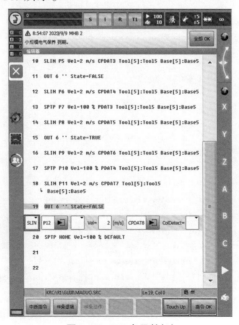

图3-109　P12点示教（2）

（22）到此，已完成工件1、2目标点的码垛，工件3~6的码垛程序编写可参考工件1、2的方法和步骤。

4.运行与调试程序

（1）加载程序

选中"maduo"程序文件，单击"选定"按钮，完成程序的加载，如图3-110所示。

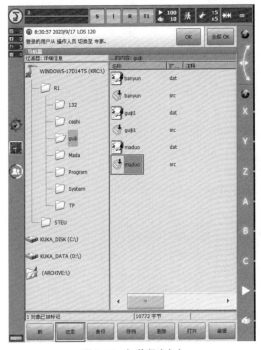

图3-110　加载程序（3）

（2）试运行程序

程序加载完成后，程序的第一行会出现一个蓝色指示箭头，如图3-111所示。使示教器上的白色确认开关保持在中间挡，按住示教器左侧的绿色三角形正向运行键 ▶ ，状态栏中的运行键"R"和程序内部运行状态的文字说明变为绿色，表示程序开始试运行，蓝色指示箭头依次下移。

图3-111　程序加载完成（3）

（3）自动运行程序

经过试运行确保程序无误后，方可自动运行程序，具体操作步骤如下：

①加载程序。

②手动操作程序，直至程序提示BCO信息。

③利用连接管理器切换运行方式。将连接管理器转动到"锁紧"位置，弹出运行方式，选择"Aut"，再将连接管理器转动到"开锁"位置，此时示教器顶端状态栏中的"T1"改为"Aut"。

④为安全起见，降低工业机器人的自动运行速度，在第一次运行程序时，建议将程序调节量设定为10%。

⑤单击示教器左侧的绿色三角形正向运行键 ▶，程序自动运行，工业机器人自动完成码垛任务。

✎ 任务拓展

一 码垛机器人

物料搬运是一项随处可见的日常工作，存在于各行各业中，这项看似简单的工作却有着长期性、基础性的企业需求，且时常受人员、成本及效率等因素的限制，由此，码垛机器人便应运而生，它被用在各行各业的搬运工作岗位，为企业的发展带来新的发展优势，如图3-112所示。

图3-112 码垛示意图

码垛机器人主要用于生产作业后段的包装和物流产业，码垛的意义在于依据集成单元化的思想，将成堆的物品通过一定的模式码成需要的垛形，使物品容易存储和搬运。在物体的运输过程中，除了散装物品或液体物品之外，一般物品均按照码垛的形式进行存储、运送，以节省空间，承接更多的货物。

码垛机器人具有如下优点：

（1）结构简单,零部件少,因此零部件的故障率低,性能可靠,保养与维修简单,所需库存零部件少。

（2）占地面积小,有利于客户厂房中生产线的布置,并可留出较大的库房面积。码垛机器人可以设置在狭窄的空间内,即可以有效地使用。

（3）适用性强。当客户产品的尺寸、体积、形状及托盘的外形尺寸发生变化时,只需在触摸屏上稍做修改即可,不会影响客户的正常生产。而机械式码垛机的更改非常烦琐,甚至是无法实现的。

（4）能耗低。通常机械式码垛机的功率为26 kW左右,而码垛机器人的功率为5 kW左右,大大降低了客户的运行成本。

（5）全部控制可在控制柜屏幕上进行操作,非常简单。

（6）只需定位抓起点和摆放点,示教方法简单易懂。

二 工业机器人的应用领域

中国是制造大国,对工业机器人的需求量非常大,很多企业为了提高生产质量和效率,已建立工业机器人生产线,工业机器人在各个行业得到了广泛应用。

1.汽车行业

目前,工业机器人技术在制造业的应用范围越来越广,已从传统制造业拓宽到其他制造业,进而拓宽到采矿、建筑、农业、灾难救援等各种非制造业,其中汽车行业是工业机器人的主要应用领域。据了解,全世界用于汽车行业的工业机器人已经达到总用量的三分之一。随着汽车产业的不断发展和智能化转型,预计未来工业机器人在汽车制造领域的应用范围将进一步扩大,这将推动工业机器人需求量的持续增长。图3-113所示为工业机器人在汽车生产线中的应用。

图3-113 工业机器人在汽车生产线中的应用

在我国,工业机器人最初应用于汽车和工程机械行业,主要用于喷涂和焊接。目前,我国工业机器人主要用于制造业,非制造业中使用得较少。据统计,近几年国内企业所生产的工业机器人有超过一半是提供给汽车行业的。可见,汽车行业的发展是近几年我国工业机器人增长的原动力之一。

2.焊接行业

工业机器人在机器人产业中应用得最为广泛,而工业机器人中应用最为广泛的是焊接机器人,它占据了工业机器人45%以上的份额。焊接机器人比人工焊接具有明显的优势,在汽车制造业中应用广泛。

图3-114所示为一种正在工作的焊接机器人。人工施焊时,操作工人经常会受到心理、生理条件的变化以及周围环境的干扰。在恶劣的焊接条件下,操作工人容易疲劳,难以较长时间保持焊接工作的稳定性和一致性。而焊接机器人的工作状态稳定,不会疲劳,它可以连续24 h工作。另外,随着高速高效焊接技术的应用,使用工业机器人焊接的效率将提高得更加明显。

图3-114 焊接机器人

3.电子行业

工业机器人在集成电路、贴片元器件生产等领域的应用较普遍。而在手机生产领域,工业机器人适用于分拣装箱、贴膜、激光塑料焊接等工作。高速4轴码垛机器人适用于触摸屏检测、擦洗、贴膜等一系列流程的自动化系统。

有关数据表明,产品通过工业机器人抛光的成品率可从87%提高到93%,因此无论是机器手臂还是更高端的工业机器人,投入使用后都会使生产率大幅度提高。图3-115所示为一种正在工作的抛光机器人。

图3-115　抛光机器人

4.喷涂行业

与人工喷涂相比,采用喷涂机器人唯一的劣势是首次购买的成本较高,但这一劣势与其优势相比就微不足道了。从长远来看,使用喷涂机器人更经济。喷涂机器人既可以代替越来越昂贵的劳动力,又能提高工作效率和产品品质。使用喷涂机器人可以降低废品率,同时可提高机器的利用率,降低工人误操作带来的残次品风险等。图3-116所示为一种正在工作的喷涂机器人。

图3-116　喷涂机器人

5.食品行业

工业机器人的应用范围越来越广,在很多传统工业领域,工业机器人正在代替人类进行工作,比如在食品工业中,目前已经开发出的工业机器人有包装罐头机器人、自动包饺子机器人等。图3-117所示为一种正在工作的包装机器人。

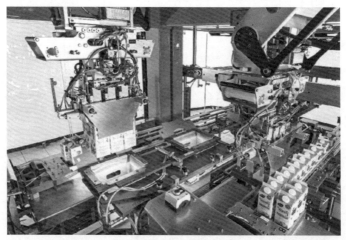

图3-117　包装机器人

练习与思考

一、填空题

1.示教器设置的程序运行方式有"＿＿＿＿＿＿＿""＿＿＿＿＿＿""＿＿＿＿＿＿＿"。

2.程序运行时，↳指针(蓝)表示＿＿＿＿＿＿运行,移动至＿＿＿＿＿点;

↑指针(红)表示＿＿＿＿＿运行,移动至＿＿＿＿＿点。

二、简答与编程题

1.码垛机器人的优点有哪些?

2.码垛机器人主要应用于哪些领域?

3.将码垛模块安装在工作台指定位置,在工业机器人末端手动安装吸盘工具,按照图3-118所示摆放码垛工件,利用示教器进行操作与编程,按下启动按钮后,工业机器人自动从工作原点开始执行码垛任务,码垛完成后工业机器人返回工作原点。码垛完成样例如图3-119所示。

编程解析

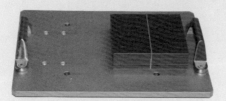

图3-118　码垛工件摆放位置(2)

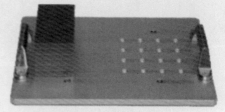

图3-119　码垛完成样例(2)

任务四 工业机器人出入库应用编程与调试

任务说明

本任务的说明见表3-9。

表3-9   **任务说明(4)**

任务描述	将旋转供料模块、伺服变位模块、立体仓储模块安装在工作台指定位置,利用示教器进行现场操作与编程。按下启动按钮,工业机器人从工作原点开始自动安装弧口夹爪,从立体仓储模块上抓取钢轮,放置在伺服变位模块上;然后更换平口夹爪,抓取旋转供料模块上的柔轮组件并将其装配到钢轮中;再更换弧口夹爪,将装配好的工件放回立体仓储模块。出入库任务完成后,工业机器人将夹爪放回快换工具模块,然后返回工作原点
职业技能(能力)要求	
行为	使用工业机器人抓取柔轮组件和钢轮,对工件进行出库、装配和入库操作,需要完成I/O配置、程序创建、目标点示教、程序编写及调试等
条件	KUKA-KR4型工业机器人、控制器、电源、示教器、立体仓储模块、旋转供料模块、伺服变位模块、平口夹爪、弧口夹爪、快换工具、气泵
知识 技能 素质	(1)严格遵守实训室安全操作规范 (2)掌握程序文件的创建方法 (3)了解程序运行方式及语句指针的含义 (4)能够正确规划出入库运动轨迹 (5)能够正确建立工具坐标系和基坐标系 (6)能够正确完成出入库练习的示教编程 (7)能够正确应用工业机器人运动指令 (8)能够正确编写并自动运行程序 (9)了解工业机器人出入库的应用,培养不怕困难、勇于挑战的精神(扫码学习) 拓展阅读
成果	(1)了解程序运行的几种方式 (2)了解工业机器人的碰撞识别 (3)能够自主完成出入库程序的编写并实现自动运行

知识储备

如果工业机器人与物体发生碰撞,则工业机器人控制器将提高轴的转矩,以克服阻力,此时可能会损坏工业机器人、工具或其他零部件,碰撞识别的作用是减小此类损坏的风险。碰撞识别系统用来监控轴的转矩,如果该转矩超过极限值,将出现以下反应:工业机器人以STOP 2停止、信息确认轴{轴的编号}的碰撞识别、信号$COLL_ALARM变为TRUE、工业机器人控制器调用程序CollDetect_UserAction。

1.碰撞后继续运行

(1)确认信息

如果出现信息确认轴{轴的编号}的碰撞识别,则在重新运行工业机器人之前,必须对其进行确认。如果不再有$STOPMESS,则信号$COLL_ALARM重新变为FALSE。

(2)程序运行

如果在识别到碰撞之后继续程序运行(通过启动或启动反向),则该识别立即重新激活。

(3)手动运行

如果在识别到碰撞之后继续手动运行,则自动中断识别60 ms。

(4)安全回退

在碰撞之后,作用力和力矩对工业机器人轴的作用很强,使识别功能可以持续地防止继续运行。用户必须手动退回工业机器人,即从碰撞位置移出。

退回工业机器人的方法如下:

● 通过运行键(手动移动选项,选择"轨迹")反向运行(优先使用)。自动取消碰撞识别1 s,工业机器人沿之前运行的轨迹返回。

● 手动移动选项,选择"跨接碰撞识别"。用户可以通过复选框跨接(停用)碰撞识别,在通过复选框重新激活之前应保持不激活状态。

2.接通通用碰撞识别

接通通用碰撞识别的步骤如下:

(1)进入编写程序状态,单击"指令"按钮,选择"移动参数"→"碰撞识别"。

(2)在行指令的"COLLDETECT"下拉列表中选择"UseDataSet",在"DataSet="下拉列表中选择碰撞识别的数据组,如图3-120所示,单击"指令OK"按钮。

图3-120 通用碰撞识别

注:如果想要关闭碰撞识别,则单击"指令"按钮,选择"移动参数"→"碰撞识别",在行指令的"COLLDETECT"下拉列表中选择"Off",然后单击"指令OK"按钮。

3.接通运动碰撞识别

接通运动碰撞识别的步骤如下:

(1)如果在运动行指令中不显示"ColDetect",则可以通过选择"移动参数"→"碰撞识别"进行显示。

(2)在行指令的"ColDetect="下拉列表中选择数据组,如图3-121所示,单击"指令OK"按钮。

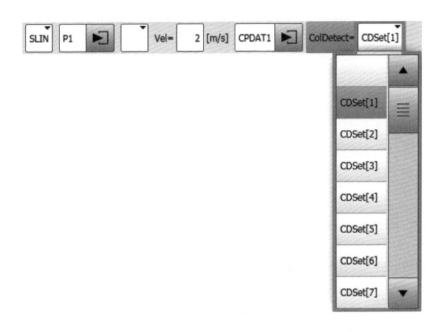

图3-121 运动碰撞识别

注:在数据组顶端有一个空栏,如果选择空栏,则表示此运动没有设置自己的碰撞识别,如果接通通用碰撞识别,则将继承其设置。

4.显示当前值/窗口碰撞识别

单击主菜单,选择"配置"→"碰撞识别"→"视图",如图3-122所示。

图3-122 "碰撞识别-视图"界面

"碰撞识别-视图"界面中各选项的说明见表3-10。

表 3-10   "碰撞识别-视图"界面中各选项的说明

序号	说明
①	轴的编号
②	每个轴当前的极限,是程序运行的极限还是手动运行的极限取决于工业机器人移动的方式。该值越小,识别越灵敏。"0"表示该轴的识别未激活。在学习模式下,学习模式偏差显示为灰色
③	数字:当前峰值 黑色垂直线条:配置的激活极限 灰色垂直线条:有效极限。只有在学习模式和手动运行模式下,有效极限与配置的激活极限才有所不同 学习模式:极限由学习模式偏差决定 手动运行模式:极限通过手动移动选项窗口中的标准值偏量确定 彩色条:相对于极限的峰值。绿色表示峰值位于极限以下;红色表示峰值达到或超过极限,已识别到碰撞
④	显示适用于当前运动的数据组,手动运行模式下还会显示点动信息。BCO运行始终和手动运行一起执行,所以也会在 BCO 运行期间以及直接在 BCO 运行后显示点动信息
⑤	显示最后一次峰值完成重置的时间
⑥	灰色表示当前运动时碰撞识别未激活,绿色表示当前运动时碰撞识别已激活
⑦	红色表示控制系统识别到碰撞,灰色表示无碰撞。如果碰撞识别未激活,则LED灯始终显示为灰色
⑧	绿色表示学习模式已激活,灰色表示学习模式未激活。如果碰撞识别未激活,则LED灯始终显示为灰色
⑨	切换至"碰撞识别-数据组学习视图"界面
⑩	切换至"碰撞识别-数据组视图"界面

✎ 任务实施

一 运动规划

钢轮摆放位置如图 3-123 所示,柔轮摆放位置如图 3-124 所示。

图3-123 钢轮摆放位置

图3-124 柔轮摆放位置(2)

工业机器人的运动步骤如下:

(1)钢轮出库:自动安装弧口夹爪→从立体仓库抓取钢轮→将钢轮放置在伺服变位

模块气缸处→将弧口夹爪放回快换工具模块。

（2）装配：自动安装平口夹爪→从旋转供料模块抓取柔轮组件→将柔轮组件装配至钢轮中→将平口夹爪放回快换工具模块。

（3）钢轮入库：自动安装弧口夹爪→从伺服变位模块抓取工件→将工件放置到立体仓库原位→将弧口夹爪放回快换工具模块。

二 外部I/O分配

工业机器人I/O分配见表3-11。

表3-11　　　　　　　　　　工业机器人I/O分配（2）

I/O变量	编号	功能
数字量I/O	1	平口/弧口夹爪工具夹紧
	2	平口/弧口夹爪工具松开
	3	末端法兰的卡扣收缩/伸出
	51	伺服变位模块气缸工进

三 示教编程

（一）钢轮出库

1.新建程序文件

打开示教器，选中或新建一个文件夹，在该文件夹下单击"新"按钮，新建程序文件并将其命名为"churuku"，如图3-125所示。

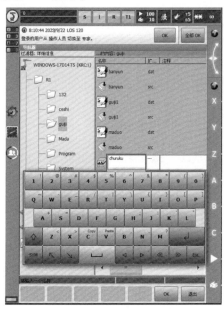

图3-125　新建程序文件（4）

2.新建坐标系

(1)新建工具坐标系(Tool6)

选取立体仓储模块上工件的一个点,再选择末端工具弧口夹爪的某个尖端,用XYZ 4点法进行TCP标定,用ABC 2点法进行姿态标定(方法同项目二的任务二中所述)。

(2)新建基坐标系

先以立体仓储模块为平面,选择末端工具弧口夹爪的某个尖端,用基坐标系的3点法进行标定(Base5);再以伺服变位模块为平面,选择末端工具弧口夹爪的某个尖端,用基坐标系的3点法进行标定(Base6);最后以旋转供料模块为平面,选择末端工具平口夹爪的某个尖端,用基坐标系的3点法进行标定(Base7)(方法同项目二的任务二中所述)。

3.编写程序

(1)打开新建的程序文件,进入程序编辑器,如图3-126所示。

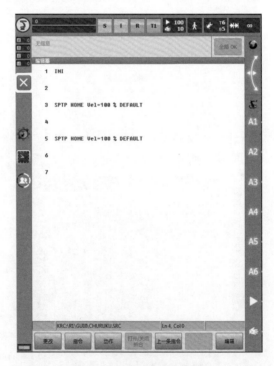

图3-126 进入程序编辑器(3)

(2)单击"指令"按钮,选择"运动"→"SPTP",添加 SPTP 指令,设置参考坐标系为"Tool6"和"Base5",如图3-127所示。

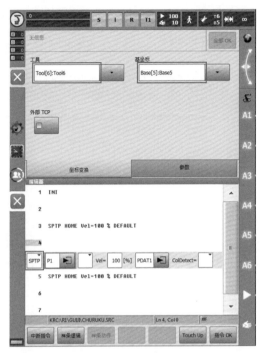

图3-127　更改参考坐标系

（3）手动调整工业机器人的末端法兰至快换工具弧口夹爪的正上方，单击"Touch Up"和"指令OK"按钮，完成P1点的示教，如图3-128所示。

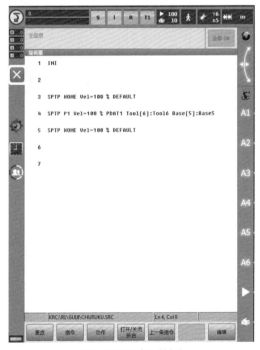

图3-128　P1点示教（4）

（4）将光标定位在程序段4，单击"指令"按钮，选择"逻辑"→"OUT"→"OUT"，添加OUT指令。设OUT编号为"3"，State状态为"FALSE"，后面的参数为空白，单击"指令OK"按钮，如图3-129所示。

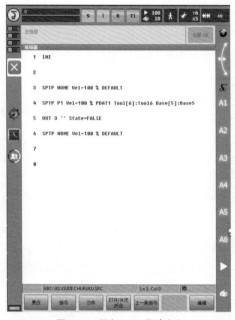

图3-129　添加OUT指令（6）

（5）将光标定位在程序段5，单击"指令"按钮，选择"运动"→"SLIN"，添加SLIN指令。垂直向下移动工业机器人末端法兰至弧口夹爪顶部凹糟中，使其恰好嵌套，单击"Touch Up"和"指令OK"按钮，完成P2点的示教，如图3-130所示。

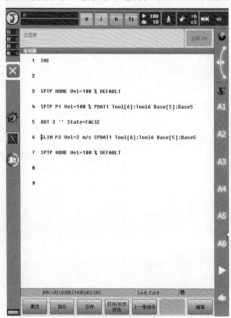

图3-130　P2点示教（4）

（6）将光标定位在程序段6，单击"指令"按钮，选择"逻辑"→"OUT"→"OUT"，添加OUT指令。设OUT编号为"3"，State状态为"TRUE"，后面的参数为空白，单击"指令OK"按钮，如图3-131所示。

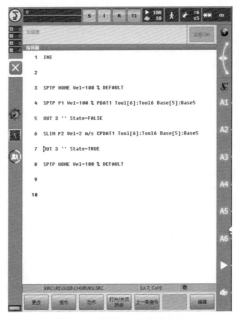

图3-131　添加OUT指令（7）

（7）将光标定位在程序段7，单击"指令"按钮，选择"运动"→"SLIN"，添加SLIN指令。垂直向上移动弧口夹爪约10 mm，单击"Touch Up"和"指令OK"按钮，完成P3点的示教，如图3-132所示。

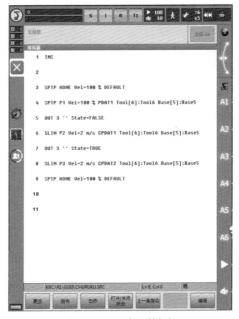

图3-132　P3点示教（4）

（8）将光标定位在程序段8，单击"指令"按钮，选择"运动"→"SLIN"，添加SLIN指令。水平沿快换工具相反方向移动弧口夹爪约50 mm，单击"Touch Up"和"指令OK"按钮，完成P4点的示教，如图3-133所示。

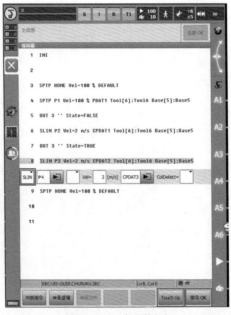

图3-133　P4点示教(3)

（9）将光标定位在程序段9，单击"指令"按钮，选择"运动"→"SLIN"，添加SLIN指令。垂直向上移动弧口夹爪约100 mm，单击"Touch Up"和"指令OK"按钮，完成P5点的示教，如图3-134所示。

图3-134　P5点示教(4)

（10）复制程序段3，将光标定位在程序段10，将程序段3添加至程序段10下面，如图3-135所示。

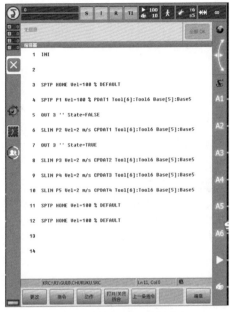

图3-135 添加HOME指令（1）

（11）将光标定位在程序段11，单击"指令"按钮，选择"运动"→"SPTP"，添加SPTP指令。调整工业机器人弧口夹爪至立体仓储模块上钢轮的正上方（弧口夹爪与钢轮平行），单击"Touch Up"和"指令OK"按钮，完成P6点的示教，如图3-136所示。

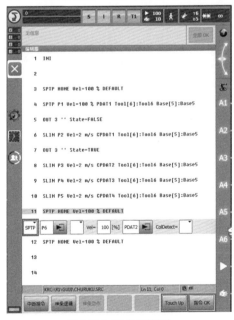

图3-136 P6点示教（3）

（12）单击"指令"按钮，选择"逻辑"→"OUT"→"脉冲"，添加脉冲指令。设PULSE编号为"2"，Time为"0.1"，单击"指令OK"按钮，如图3-137所示。

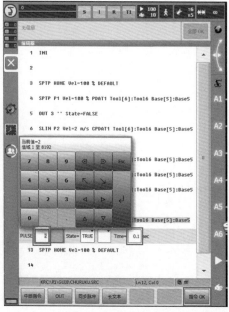

图3-137 添加脉冲指令（4）

（13）将光标定位在程序段13，单击"指令"按钮，选择"运动"→"SLIN"，添加SLIN指令。垂直向下调整工业机器人弧口夹爪至钢轮处，使其处于抓取钢轮状态，单击"Touch Up"和"指令OK"按钮，完成P7点的示教，如图3-138所示。

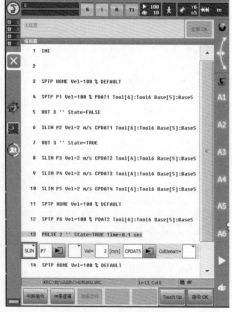

图3-138 P7点示教（3）

（14）单击"指令"按钮，选择"逻辑"→"OUT"→"脉冲"，添加脉冲指令。设PULSE编号为"1"，Time为"0.1"，单击"指令OK"按钮，如图3-139所示。

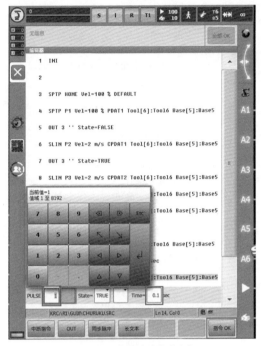

图3-139　添加脉冲指令（5）

（15）单击"指令"按钮，选择"运动"→"SLIN"，添加SLIN指令。垂直向上移动钢轮至一定高度，单击"Touch Up"和"指令OK"按钮，完成P8点的示教，如图3-140所示。

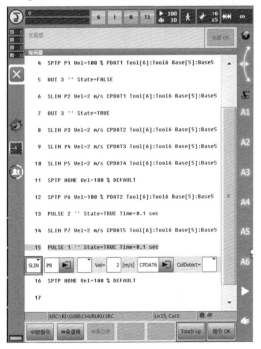

图3-140　P8点示教（3）

（16）单击"指令"按钮，选择"运动"→"SPTP"，添加 SPTP 指令。手动操作工业机器人，移动钢轮至伺服变位模块气缸的正上方，使钢轮与气缸平行，单击"Touch Up"和"指令 OK"按钮，完成 P9 点的示教，如图 3-141 所示。

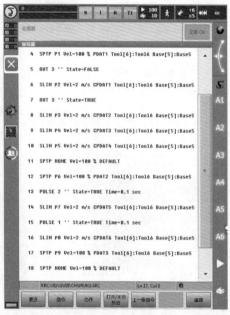

图 3-141　P9 点示教（3）

（17）单击"指令"按钮，选择"运动"→"SLIN"，添加 SLIN 指令。手动操作工业机器人，垂直向下移动钢轮至气缸处，单击"Touch Up"和"指令 OK"按钮，完成 P10 点的示教，如图 3-142 所示。

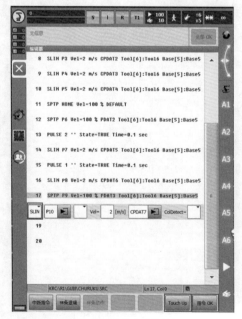

图 3-142　P10 点示教（2）

（18）单击"指令"按钮,选择"逻辑"→"OUT"→"脉冲",添加脉冲指令。设PULSE编号为"2",Time为"0.1",单击"指令OK"按钮,如图3-143所示。

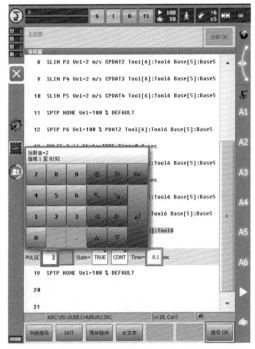

图3-143　添加脉冲指令(6)

（19）单击"指令"按钮,选择"运动"→"SPTP",添加SPTP指令。手动操作工业机器人返回工作原点,单击"Touch Up"和"指令OK"按钮,完成P11点的示教,如图3-144所示。

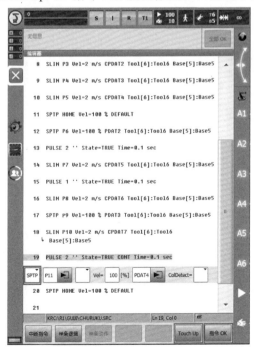

图3-144　P11点示教(3)

（20）单击"指令"按钮，选择"逻辑"→"OUT"→"OUT"，添加OUT指令。设OUT编号为"51"，State状态为"TRUE"，后面的参数为空白，单击"指令OK"按钮，如图3-145所示。该指令表示气缸将钢轮夹紧。

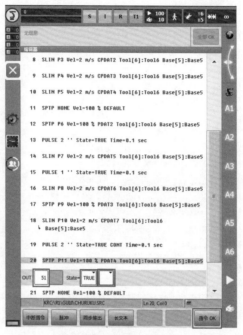

图3-145 添加OUT指令（8）

（21）手动操作工业机器人，将弧口夹爪放回快换工具模块，其步骤与取弧口夹爪相反，此处不再详述。放弧口夹爪完成后，工业机器人返回工作原点，程序如图3-146所示。

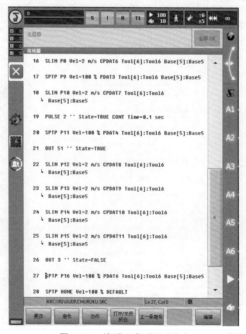

图3-146 放弧口夹爪程序（1）

（二）装配

1.取平口夹爪

取平口夹爪的步骤与取弧口夹爪相似,程序如图3-147所示。

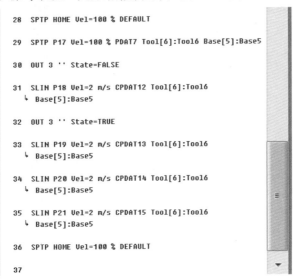

图3-147　取平口夹爪程序

2.添加SPTP指令

　　单击"指令"按钮,选择"运动"→"SPTP",添加SPTP指令。移动平口夹爪至旋转供料模块上柔轮组件的正上方,单击"Touch Up"和"指令OK"按钮,如图3-148所示。

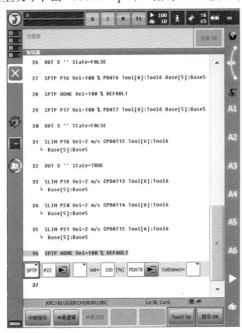

图3-148　添加SPTP指令(5)

3.添加脉冲指令

单击"指令"按钮,选择"逻辑"→"OUT"→"脉冲",添加脉冲指令。设PULSE编号为"2",Time为"0.1",单击"指令OK"按钮,如图3-149所示。

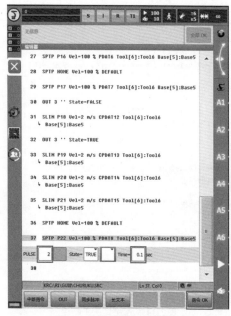

图3-149 添加脉冲指令(7)

4.添加SLIN指令

单击"指令"按钮,选择"运动"→"SLIN",添加SLIN指令。移动平口夹爪至柔轮组件处,使其处于抓取柔轮状态,单击"Touch Up"和"指令OK"按钮,如图3-150所示。

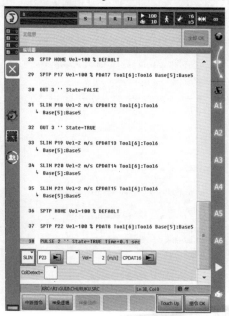

图3-150 添加SLIN指令(11)

5.添加脉冲指令

单击"指令"按钮,选择"逻辑"→"OUT"→"脉冲",添加脉冲指令。设PULSE编号为"1",Time为"0.1",单击"指令OK"按钮,如图3-151所示。

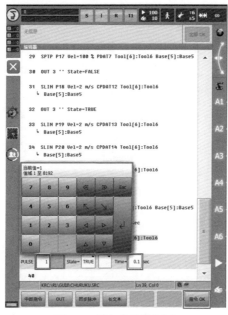

图3-151　添加脉冲指令(8)

6.添加SLIN指令

单击"指令"按钮,选择"运动"→"SLIN",添加SLIN指令。通过操作工业机器人使柔轮组件垂直向上移动一段距离,单击"Touch Up"和"指令OK"按钮,如图3-152所示。

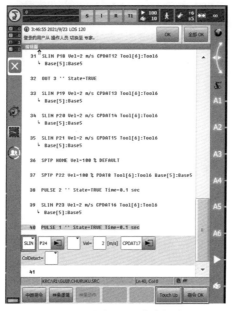

图3-152　添加SLIN指令(12)

7.添加SPTP指令

单击"指令"按钮,选择"运动"→"SPTP",添加SPTP指令。通过操作工业机器人使柔轮组件移动至伺服变位模块钢轮正上方,单击"Touch Up"和"指令OK"按钮,如图3-153所示。

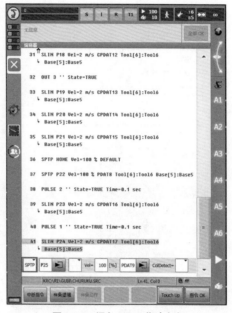

图3-153　添加SPTP指令(6)

8.添加SLIN指令

单击"指令"按钮,选择"运动"→"SLIN",添加SLIN指令。通过操作工业机器人使柔轮组件垂直向下恰好放入钢轮内部,单击"Touch Up"和"指令OK"按钮,如图3-154所示。

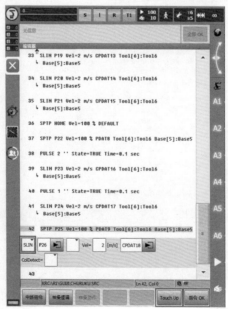

图3-154　添加SLIN指令(13)

9.添加脉冲指令

单击"指令"按钮,选择"逻辑"→"OUT"→"脉冲",添加脉冲指令。设PULSE编号为"2",Time为"0.1",单击"指令OK"按钮,如图3-155所示。

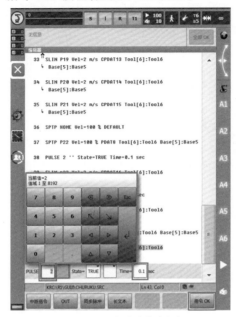

图3-155　添加脉冲指令(9)

10.添加HOME指令

复制程序段3的HOME指令,如图3-156所示。

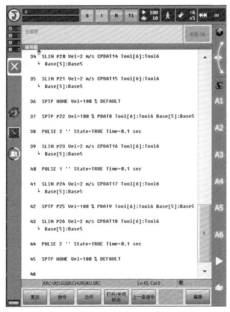

图3-156　添加HOME指令(2)

11.放平口夹爪

将平口夹爪放回快换工具模块,其步骤与放弧口夹爪相同,程序如图3-157所示。

```
45  SPTP HOME Vel=100 % DEFAULT

46  SLIN P27 Vel=2 m/s CPDAT19 Tool[6]:Tool6
 ↳ Base[5]:Base5

47  SLIN P28 Vel=2 m/s CPDAT20 Tool[6]:Tool6
 ↳ Base[5]:Base5

48  SLIN P29 Vel=2 m/s CPDAT21 Tool[6]:Tool6
 ↳ Base[5]:Base5

49  SLIN P30 Vel=2 m/s CPDAT22 Tool[6]:Tool6
 ↳ Base[5]:Base5

50  OUT 3 '' State=FALSE

51  SPTP P31 Vel=100 % PDAT10 Tool[6]:Tool6
 ↳ Base[5]:Base5

52  SPTP HOME Vel=100 % DEFAULT

53
```

图3-157 放平口夹爪程序

(三)钢轮入库

1.取弧口夹爪

钢轮入库时取弧口夹爪的步骤与钢轮出库时取弧口夹爪的步骤相同,程序如图3-158所示。

```
52  SPTP HOME Vel=100 % DEFAULT

53  SLIN P32 Vel=2 m/s CPDAT23 Tool[6]:Tool6
 ↳ Base[5]:Base5

54  PULSE 1 '' State=TRUE Time=0.1 sec

55  SLIN P33 Vel=2 m/s CPDAT24 Tool[6]:Tool6
 ↳ Base[5]:Base5

56  SPTP P34 Vel=100 % PDAT11 Tool[6]:Tool6
 ↳ Base[5]:Base5

57  SLIN P35 Vel=2 m/s CPDAT25 Tool[6]:Tool6
 ↳ Base[5]:Base5

58  PULSE 2 '' State=TRUE Time=0.1 sec

59  SPTP HOME Vel=100 % DEFAULT
```

图3-158 取弧口夹爪程序

2.添加SPTP指令

单击"指令"按钮,选择"运动"→"SPTP",添加SPTP指令。通过操作工业机器人移动弧口夹爪至伺服变位模块钢轮正上方,使弧口夹爪与钢轮处于平行状态,单击"Touch Up"和"指令OK"按钮,如图3-159所示。

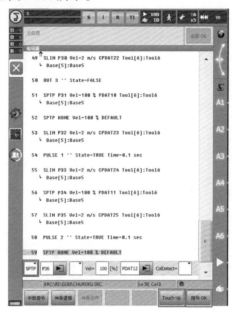

图3-159 添加SPTP指令(7)

3.添加OUT指令

单击"指令"按钮,选择"逻辑"→"OUT"→"OUT",添加OUT指令。设OUT编号为"51",State状态为"FALSE",后面的参数为空白,单击"指令OK"按钮,如图3-160所示。

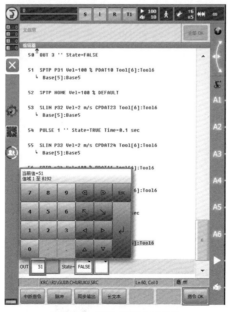

图3-160 添加OUT指令(9)

4.添加脉冲指令

单击"指令"按钮,选择"逻辑"→"OUT"→"脉冲",添加脉冲指令。设PULSE编号为"2",State状态为"TRUE",Time为"0.1",单击"指令OK"按钮,如图3-161所示。

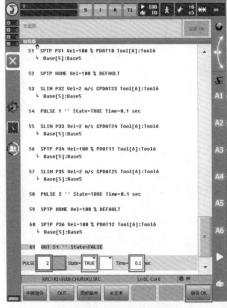

图3-161 添加脉冲指令(10)

5.添加SLIN指令

单击"指令"按钮,选择"运动"→"SLIN",添加SLIN指令。通过操作工业机器人移动弧口夹爪至钢轮处,使弧口夹爪处于抓取钢轮状态,单击"Touch Up"和"指令OK"按钮,如图3-162所示。

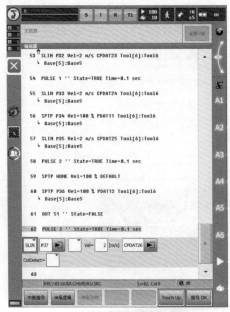

图3-162 添加SLIN指令(14)

6.添加脉冲指令

单击"指令"按钮,选择"逻辑"→"OUT"→"脉冲",添加脉冲指令。设PULSE编号为"1",State状态为"TRUE",Time为"0.1",单击"指令OK"按钮,如图3-163所示。

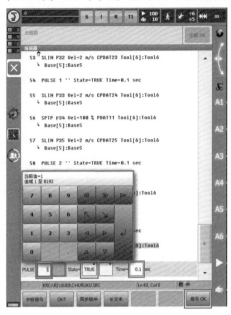

图3-163　添加脉冲指令(11)

7.添加SLIN指令

单击"指令"按钮,选择"运动"→"SLIN",添加SLIN指令。通过操作工业机器人垂直向上移动钢轮一定距离,单击"Touch Up"和"指令OK"按钮,如图3-164所示。

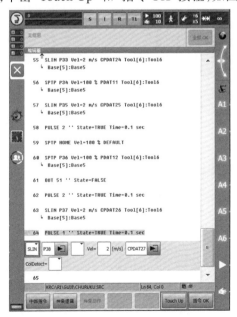

图3-164　添加SLIN指令(15)

8.添加SPTP指令

单击"指令"按钮,选择"运动"→"SPTP",添加SPTP指令。通过操作工业机器人移动钢轮至仓位的正上方,单击"Touch Up"和"指令OK"按钮,如图3-165所示。

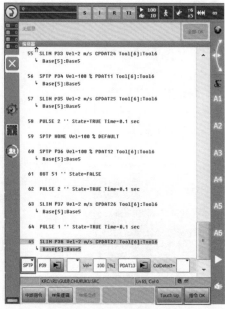

图3-165 添加**SPTP**指令(8)

9.添加SLIN指令

单击"指令"按钮,选择"运动"→"SLIN",添加SLIN指令。通过操作工业机器人垂直向下移动钢轮至仓位上,使钢轮恰好放入仓位,单击"Touch Up"和"指令OK"按钮,如图3-166所示。

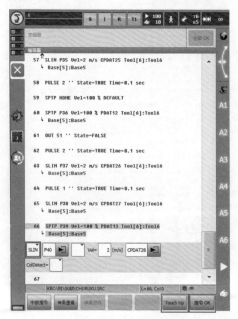

图3-166 添加**SLIN**指令(16)

10.添加脉冲指令

单击"指令"按钮,选择"逻辑"→"OUT"→"脉冲",添加脉冲指令。设PULSE编号为"2",State状态为"TRUE",Time为"0.1",单击"指令OK"按钮,如图3-167所示。

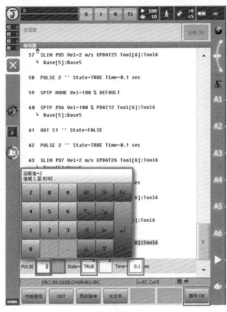

图3-167 添加脉冲指令(12)

11.添加SLIN指令

单击"指令"按钮,选择"运动"→"SLIN",添加SLIN指令。通过操作工业机器人使夹爪垂直向上移动一定距离,单击"Touch Up"和"指令OK"按钮,如图3-168所示。

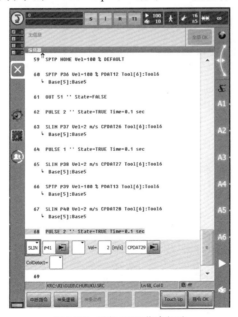

图3-168 添加SLIN指令(17)

12. 添加 HOME 指令

复制程序段3的HOME指令，如图3-169所示。

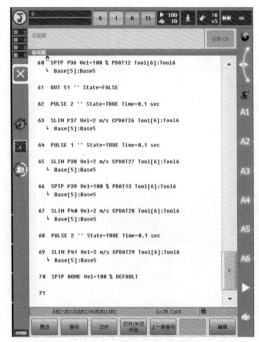

图3-169　添加 HOME 指令（3）

13. 放弧口夹爪

将弧口夹爪放回快换工具模块，其步骤与第一次放弧口夹爪相同，程序如图3-170所示。

```
70  SPTP HOME Vel=100 % DEFAULT

71  SLIN P42 Vel=2 m/s CPDAT30 Tool[6]:Tool6
 ↳ Base[5]:Base5

72  SLIN P43 Vel=2 m/s CPDAT31 Tool[6]:Tool6
 ↳ Base[5]:Base5

73  SLIN P44 Vel=2 m/s CPDAT32 Tool[6]:Tool6
 ↳ Base[5]:Base5

74  SLIN P45 Vel=2 m/s CPDAT33 Tool[6]:Tool6
 ↳ Base[5]:Base5

75  OUT 3 '' State=FALSE

76  SPTP P46 Vel=100 % PDAT14 Tool[6]:Tool6
 ↳ Base[5]:Base5

77  SPTP HOME Vel=100 % DEFAULT
```

图3-170　放弧口夹爪程序（2）

14.加载程序

选中"churuku"程序文件,单击"选定"按钮,完成程序的加载,如图3-171所示。

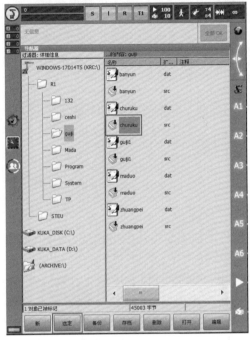

图3-171　加载程序(4)

15.试运行程序

程序加载完成后,程序的第一行会出现一个蓝色指示箭头,如图3-172所示。使示教器上的白色确认开关保持在中间挡,按住示教器左侧的绿色三角形正向运行键▷,状态栏中的运行键"R"和程序内部运行状态的文字说明变为绿色,表示程序开始试运行,蓝色指示箭头依次下移。

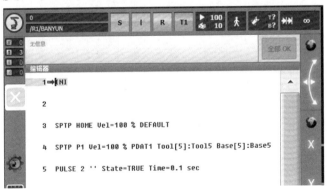

图3-172　程序加载完成(4)

16.自动运行程序

经过试运行确保程序无误后,方可自动运行程序,具体操作步骤如下:

（1）加载程序。

（2）手动操作程序，直至程序提示 BCO 信息。

（3）利用连接管理器切换运行方式。将连接管理器转动到"锁紧"位置，弹出运行方式，选择"Aut"，再将连接管理器转动到"开锁"位置，此时示教器顶端状态栏中的"T1"改为"Aut"。

（4）为安全起见，降低工业机器人的自动运行速度，在第一次运行程序时，建议将程序调节量设定为 10%。

（5）单击示教器左侧的绿色三角形正向运行键 ▶，程序自动运行，工业机器人自动完成出入库任务。

✍ 任务拓展

现代物流技术是现代科学技术与经济发展相结合的产物。据有关资料统计，物料仓储、搬运管理等物料流程的费用占企业生产成本的 25% 以上，而物流周期则占企业生产周期的 90% 以上。由此看来，自动化立体仓库是先进物流系统的重要组成部分，它已成为加快物流、降低成本、缩短生产周期、加快资金周转、提高经济效益等的重要手段。特别是在当前以小批量、多品种生产代替大批量、单一品种生产并发展柔性生产的情况下，物料搬运系统（自动化立体仓库系统）显得尤为重要。目前很多领域已采用工业机器人代替人工操作，利用立体仓库进行存储，实现自动化物料搬运。图 3-173 所示为某制药厂的自动化立体仓库。

图 3-173　自动化立体仓库

1.AGV 机器人

随着科技的进步以及现代化进程的加快，装备制造业对搬运速度的要求越来越高，传统的人工+叉车方式已经不能满足现代化工业的需求，AGV 机器人应运而生。在追求高效的现代社会,AGV机器人的优势非常明显,它取代了传统的手动叉车和人工运输,节省了劳动力成本,提高了生产率。AGV机器人的24 h无休式搬运大大提高了效率,同时减少了管理精力。AGV机器人结构简单,故障率低,易于保养,维护费用也较低。随着劳动力成本的不断上涨,AGV机器人的价格因国产化和量产而逐渐下降,越来越多的制造型企业更愿意以AGV机器人来代替人工+叉车进行搬运工作,以低投资获取高收益。图3-174所示为AGV机器人。

图3-174　AGV机器人

在装配大型设备的车间里,AGV机器人可以是装配车间的主角,它们能指定程序、路径并快速移动,准确地完成搬移、安装等任务。不仅如此,AGV机器人还可以代替人类在危险、有毒、低温、高热等恶劣环境中工作。

AGV机器人具有工作能力强、无噪声、无污染、适用范围大、占地空间小、灵活性好、成本低以及维护方便等多方面优势,这使得其应用日渐广泛并成为一种发展趋势。

2.堆垛机器人

堆垛机器人是随着自动化立体仓库的发展而兴起的专业起重设备之一,它是自动化立体仓库中货物搬运的核心设备之一。其主要功能是在计算机系统的控制下水平沿巷道运动到指定货位处,在高度空间通过载货台的升降和货叉的伸缩完成货物的存取,最终完成在巷道口传送设备及货位之间的货物运输工作。使用堆垛机器人可以大幅降低工人的劳动强度,提高整体生产和管理效率,使自动化立体仓库的主要优势展现出来。图3-175所示为堆垛机器人。

图3-175　堆垛机器人

堆垛机器人的运行速度正在逐渐提高,以满足现代企业自动化立体仓库高效性存储的要求。目前堆垛机器人的水平行走速度能达到 200 m/min(负载量比较小的堆垛机器人高达 300 m/min),垂直提升速度达 120 m/min,货叉伸缩速度达 50 m/min。

3.分拣抓取机器人

自动仓储行业的快速发展,给各个行业企业带来了较大的利益。在仓储货物中,最重要的工作是货物分拣,只有将不同的货物分拣到不同的区域,才能更合理化地管理货物,确保货物合理存储。在分拣货物中,最好的设备是自动仓储分拣系统,它能代替人工操作,实现高效分拣工作。工业机器人具有生产率高、精度高、安全系数高以及便于管理和维护等优点。将其应用在仓储分拣流水线上能大大提高货物分拣的效率和准确性。

练习与思考

一、填空题

1.如果工业机器人与物件发生碰撞,则工业机器人控制器将提高_____,以克服阻力,此时可能会损坏工业机器人、工具或其他零部件,碰撞识别的作用是减小此类损坏的风险。

2.I/O信号的功能:"1"表示_____,"2"表示_____,"3"表示_____,"51"表示_____。

3.如果在识别到碰撞之后继续手动运行,则自动中断识别_____ms。

二、简答题

如果轴的转矩超过极限值,将会出现什么反应?

任务五　工业机器人装配应用编程与调试

任务说明

本任务的说明见表3-12。

表3-12　　　　　　　　　　　　　　　　　任务说明(5)

任务描述	将搬运模块安装在工作台指定位置,利用示教器进行现场操作编程,手动安装平口夹爪,工业机器人自动从工作原点开始,从搬运模块上抓取轴套并放置到波发生器中,再抓取波发生器并放置到柔轮中。装配任务完成后,工业机器人返回工作原点
职业技能(能力)要求	
行为	使用工业机器人分别抓取轴套和波发生器并装配到柔轮中,从而完成对柔轮组件的装配操作,需要完成I/O配置、程序创建、目标点示教、程序编写及调试等
条件	KUKA-KR4型工业机器人、控制器、电源、示教器、搬运模块、柔轮组件、平口夹爪、气泵
知识技能素质	(1)严格遵守实训室安全操作规范 (2)掌握基础运动方式的编程方法 (3)能够正确规划装配运动轨迹 (4)能够正确建立工具坐标系和基坐标系 (5)能够正确完成装配练习的示教编程 (6)能够正确应用工业机器人运动指令 (7)能够正确编写并自动运行程序 (8)了解工业机器人装配的应用,培养积极探索的创新精神(扫码学习) 拓展阅读
成果	(1)了解程序的几种运行方式 (2)能够自主完成装配程序的编写并实现自动运行 (3)了解装配机器人的应用及发展

知识储备

通常情况下,为了使程序框架紧密且容易理解,往往通过程序调用的方式来编写程序,即采用主程序调用子程序的方法来建立程序框架结构。利用子程序技术可将工业机器人程序模块化,从而可以优化程序结构设计。其做法是不将所有指令写入一个程序,而是将特定的流程、计算或过程转移到单独的程序中。

使用子程序有如下优点：

- 由于程序长度缩短，主程序结构更清晰且更易读。
- 可独立开发子程序，编程花费可分摊，且使错误源最小化。
- 子程序可多次反复应用。

全局子程序使用方便，一个全局子程序是一个独立的工业机器人程序，可从另一个工业机器人程序中调用。可根据具体要求对程序进行分解，即某一程序可在某次应用中用作主程序，而在另一次应用中用作子程序，如图3-176所示。

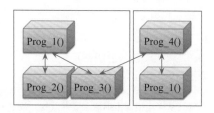

图3-176　子程序调用

在专家模式下，调用子程序的操作步骤如下：

(1)将所需的主程序载入编辑器。

(2)将光标定位在所需的行内。

(3)输入子程序名称和括号，例如myprog_1()、myprog_2()。

(4)关闭编辑器并保存修改。

主程序main()调用子程序myprog_1()和myprog_2()的编程界面如图3-177所示。

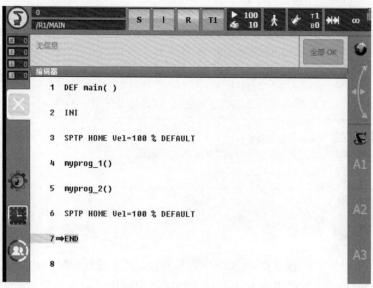

图3-177　编程界面

任务实施

一　运动规划

柔轮摆放位置如图3-178所示,柔轮组件如图3-179所示。

图3-178　柔轮摆放位置(3)

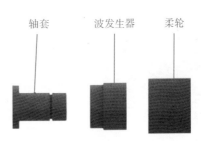

图3-179　柔轮组件

装配运动规划如下:

(1)手动安装平口夹爪。

(2)从工作原点开始运动,抓取轴套放入波发生器中,再抓取波发生器放入柔轮中,装配即完成。装配示教点如图3-180所示。

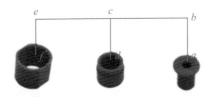

图3-180　装配示教点

(3)将平口夹爪放回快换工具模块。

二　外部I/O分配

工业机器人I/O分配见表3-13。

表3-13　　　　　　　　　　工业机器人I/O分配(3)

I/O变量	编号	功能
数字量I/O	1	平口夹爪工具夹紧
	2	平口夹爪工具松开
	3	末端法兰的卡扣收缩/伸出

三　手动安装平口夹爪

（1）单击主菜单，选择"显示"→"输入/输出端"→"数字输出端"，弹出I/O控制界面，选中输出端"3"这一行，单击"值"按钮，如图3-181所示，原本灰色的圆圈变成绿色，表示末端法兰的卡扣处于收缩状态。

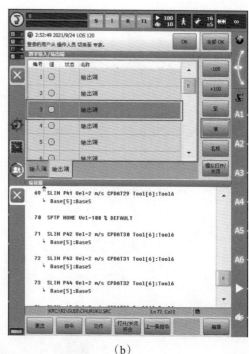

（a）　　　　　　　　　　　　　　　（b）

图3-181　I/O控制界面(4)

（2）手动将平口夹爪安装到接口法兰处，再次选中输出端"3"这一行，单击"值"按钮，绿色圆圈变成灰色，表示末端法兰的卡扣处于伸出状态，平口夹爪安装完毕，如图3-182所示。

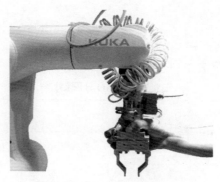

图3-182　手动安装平口夹爪(2)

四　示教编程

1.新建程序文件

打开示教器,选中或新建一个文件夹,在该文件夹下单击"新"按钮,新建程序文件并将其命名为"zhuangpei",如图3-183所示。

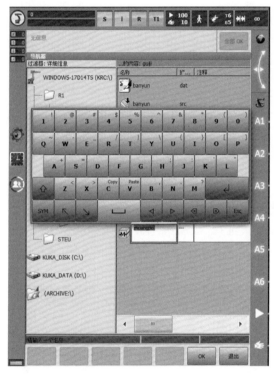

图3-183　新建程序文件(5)

2.新建坐标系

(1)新建工具坐标系

以搬运模块为对象选取一个点,再选取平口夹爪的一个点,用XYZ 4点法进行TCP标定,用ABC 2点法进行姿态标定(方法同项目二的任务二中所述)。

(2)新建基坐标系

以搬运模块为一个平面,再选取平口夹爪的一个点,用基坐标系的3点法进行标定(方法同项目二的任务二中所述)。

3.编写程序

(1)打开新建的"zhuangpei"程序文件,进入程序编辑器,如图3-184所示。

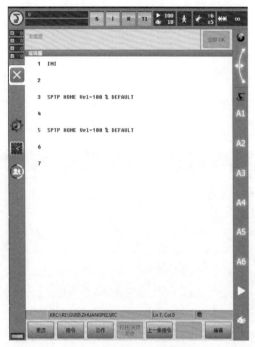

图3-184　进入程序编辑器(4)

（2）单击"指令"按钮，选择"运动"→"SPTP"，添加SPTP指令。手动控制工业机器人，使平口夹爪移动至轴套的正上方 b 点，单击"Touch Up"和"指令OK"按钮，如图3-185所示。

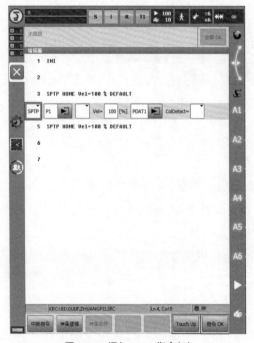

图3-185　添加SPTP指令(9)

（3）单击"指令"按钮，选择"逻辑"→"OUT"→"OUT"，添加脉冲指令。设PULSE编号为"2"，State状态为"TRUE"，Time为"0.1"，单击"指令OK"按钮，如图3-186所示。

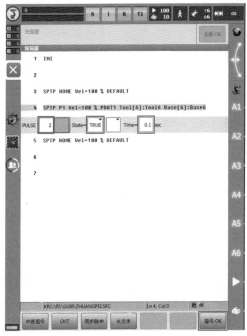

图3-186　添加脉冲指令(13)

（4）单击"指令"按钮，选择"运动"→"SLIN"，添加SLIN指令。手动控制工业机器人，使平口夹爪垂直向下移动至 *a* 点并处于抓取轴套状态，单击"Touch Up"和"指令OK"按钮，如图3-187所示。

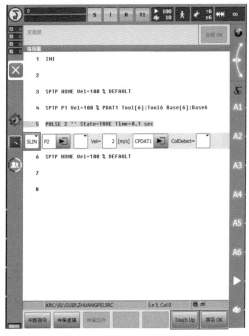

图3-187　添加SLIN指令(18)

（5）单击"指令"按钮，选择"逻辑"→"OUT"→"OUT"，添加脉冲指令。设PULSE编号为"1"，State状态为"TRUE"，Time为"0.1"，单击"指令OK"按钮，如图3-188所示。

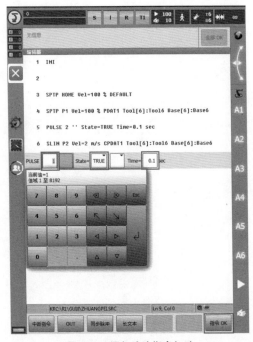

图3-188　添加脉冲指令（14）

（6）单击"指令"按钮，选择"运动"→"SLIN"，添加SLIN指令。垂直向上移动轴套至b点，单击"Touch Up"和"指令OK"按钮，如图3-189所示。

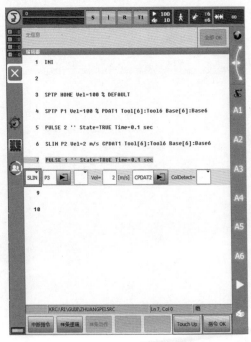

图3-189　添加SLIN指令（19）

（7）单击"指令"按钮，选择"运动"→"SLIN"，添加 SLIN 指令。水平移动轴套至 c 点，单击"Touch Up"和"指令 OK"按钮，如图 3-190 所示。

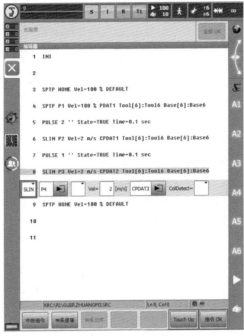

图 3-190　添加 SLIN 指令（20）

（8）单击"指令"按钮，选择"运动"→"SLIN"，添加 SLIN 指令。垂直向下移动轴套至 d 点，使轴套进入波发生器内部，单击"Touch Up"和"指令 OK"按钮，如图 3-191 所示。

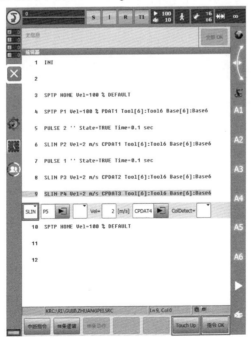

图 3-191　添加 SLIN 指令（21）

（9）单击"指令"按钮,选择"逻辑"→"OUT"→"OUT",添加脉冲指令,使平口夹爪松开。设PULSE编号为"2",State状态为"TRUE",Time为"0.1",单击"指令OK"按钮,如图3-192所示。

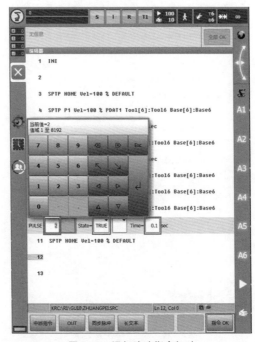

图3-192　添加脉冲指令(15)

（10）单击"指令"按钮,选择"运动"→"SLIN",添加SLIN指令。垂直向下稍移动平口夹爪,使平口夹爪处于抓取波发生器状态,单击"Touch Up"和"指令OK"按钮,如图3-193所示。

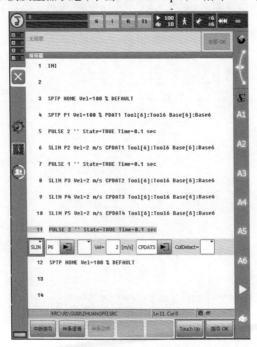

图3-193　添加SLIN指令(22)

（11）单击"指令"按钮，选择"逻辑"→"OUT"→"OUT"，添加脉冲指令，使平口夹爪夹紧波发生器。设PULSE编号为"1"，State状态为"TRUE"，Time为"0.1"，单击"指令OK"按钮，如图3-194所示。

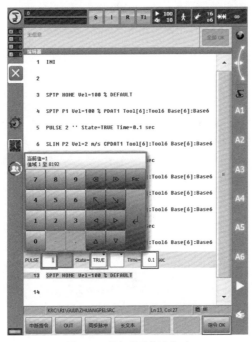

图3-194　添加脉冲指令(16)

（12）单击"指令"按钮，选择"运动"→"SLIN"，添加SLIN指令。垂直向上移动波发生器至c点，单击"Touch Up"和"指令OK"按钮，如图3-195所示。

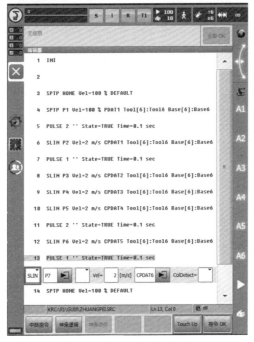

图3-195　添加SLIN指令(23)

（13）单击"指令"按钮，选择"运动"→"SLIN"，添加SLIN指令。水平移动波发生器至柔轮正上方 e 点，单击"Touch Up"和"指令 OK"按钮，如图 3-196 所示。

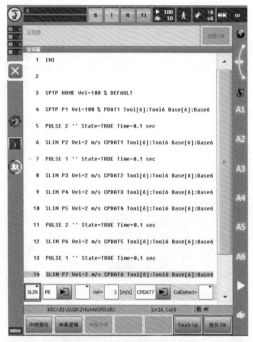

图 3-196　添加 SLIN 指令（24）

（14）单击"指令"按钮，选择"运动"→"SLIN"，添加SLIN指令。垂直向下移动波发生器至柔轮内部 f 点，单击"Touch Up"和"指令 OK"按钮，如图 3-197 所示。

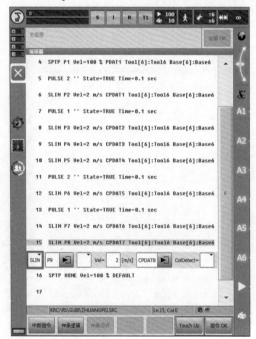

图 3-197　添加 SLIN 指令（25）

（15）单击"指令"按钮,选择"逻辑"→"OUT"→"OUT",添加脉冲指令,使平口夹爪松开,将波发生器装配至柔轮内部。设PULSE编号为"2",State状态为"TRUE",Time为"0.1",单击"指令OK"按钮,如图3-198所示。

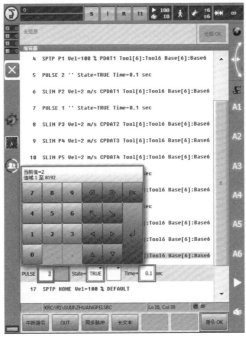

图3-198 添加脉冲指令(17)

（16）单击"指令"按钮,选择"运动"→"SLIN",添加SLIN指令。向上移动平口夹爪至e点,单击"Touch Up"和"指令OK"按钮,如图3-199所示。

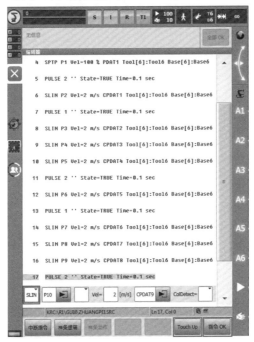

图3-199 添加SLIN指令(26)

(17)装配程序完成示教,结果如图3-200所示。

```
1  INI                                            11  PULSE 2 '' State=TRUE Time=0.1 sec

2                                                 12  SLIN P6 Vel=2 m/s CPDAT5 Tool[6]:Tool6 Base[6]:Base6

3  SPTP HOME Vel=100 % DEFAULT                    13  PULSE 1 '' State=TRUE Time=0.1 sec

4  SPTP P1 Vel=100 % PDAT1 Tool[6]:Tool6 Base[6]:Base6   14  SLIN P7 Vel=2 m/s CPDAT6 Tool[6]:Tool6 Base[6]:Base6

5  PULSE 2 '' State=TRUE Time=0.1 sec             15  SLIN P8 Vel=2 m/s CPDAT7 Tool[6]:Tool6 Base[6]:Base6

6  SLIN P2 Vel=2 m/s CPDAT1 Tool[6]:Tool6 Base[6]:Base6   16  SLIN P9 Vel=2 m/s CPDAT8 Tool[6]:Tool6 Base[6]:Base6

7  PULSE 1 '' State=TRUE Time=0.1 sec             17  PULSE 2 '' State=TRUE Time=0.1 sec

8  SLIN P3 Vel=2 m/s CPDAT2 Tool[6]:Tool6 Base[6]:Base6   18  SLIN P10 Vel=2 m/s CPDAT9 Tool[6]:Tool6
                                                      ↳ Base[6]:Base6
9  SLIN P4 Vel=2 m/s CPDAT3 Tool[6]:Tool6 Base[6]:Base6
                                                  19  SPTP HOME Vel=100 % DEFAULT
10 SLIN P5 Vel=2 m/s CPDAT4 Tool[6]:Tool6 Base[6]:Base6
```

图3-200 装配程序示教完成

五 优化装配程序

利用程序调用方式优化装配程序,根据装配运动规划分两步进行装配:

(1)从工作原点开始运动,抓取轴套放入波发生器中,将此过程编入子程序zp_zhoutao。

(2)抓取第一步已装配好的波发生器放入柔轮中,将此过程编入子程序zp_bofashengqi。

将装配程序分成两个子程序,见表3-14。

表3-14　　　　　　　　　　　　　　　装配子程序

程序名	程序
zp_zhoutao	3 SPTP HOME Vel=100 % DEFAULT 4 SPTP P1 Vel=100 % PDAT1 Tool[6]:Tool6 Base[6]:Base6 5 PULSE 2 '' State=TRUE Time=0.1 sec 6 SLIN P2 Vel=2 m/s CPDAT1 Tool[6]:Tool6 Base[6]:Base6 7 PULSE 1 '' State=TRUE Time=0.1 sec 8 SLIN P3 Vel=2 m/s CPDAT2 Tool[6]:Tool6 Base[6]:Base6 9 SLIN P4 Vel=2 m/s CPDAT3 Tool[6]:Tool6 Base[6]:Base6 10 SLIN P5 Vel=2 m/s CPDAT4 Tool[6]:Tool6 Base[6]:Base6 11 PULSE 2 '' State=TRUE Time=0.1 sec
zp_bofashengqi	12 SLIN P6 Vel=2 m/s CPDAT5 Tool[6]:Tool6 Base[6]:Base6 13 PULSE 1 '' State=TRUE Time=0.1 sec 14 SLIN P7 Vel=2 m/s CPDAT6 Tool[6]:Tool6 Base[6]:Base6 15 SLIN P8 Vel=2 m/s CPDAT7 Tool[6]:Tool6 Base[6]:Base6 16 SLIN P9 Vel=2 m/s CPDAT8 Tool[6]:Tool6 Base[6]:Base6 17 PULSE 2 '' State=TRUE Time=0.1 sec 18 SLIN P10 Vel=2 m/s CPDAT9 Tool[6]:Tool6 ↳ Base[6]:Base6 19 SPTP HOME Vel=100 % DEFAULT

1.编写主程序

打开示教器,选中"zhuangpei"作为主程序,调用两个子程序,如图3-201所示。

图3-201　装配程序

2.运行与调试程序

(1)加载程序

选中"zhuangpei"程序文件,单击"选定"按钮,完成程序的加载,如图3-202所示。

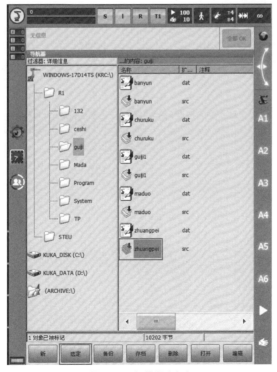

图3-202　加载程序(5)

(2)试运行程序

程序加载完成后,程序的第一行会出现一个蓝色指示箭头,如图3-203所示。使示教器上的白色确认开关保持在中间挡,按住示教器左侧的绿色三角形正向运行键  ,状态栏中的运行键"R"和程序内部运行状态的文字说明变为绿色,则表示程序开始试运行,蓝色指示箭头依次下移。

图3-203 程序加载完成(5)

(3)自动运行程序

经过试运行确保程序无误后,方可自动运行程序,具体操作步骤如下:

①加载程序。

②手动操作程序,直至程序提示BCO信息。

③利用连接管理器切换运行方式。将连接管理器转动到"锁紧"位置,弹出运行方式,选择"Aut",再将连接管理器转动到"开锁"位置,此时示教器顶端状态栏中的"T1"改为"Aut"。

④为安全起见,降低工业机器人的自动运行速度,在第一次运行程序时,建议将程序调节量设定为10%。

⑤单击示教器左侧的绿色三角形正向运行键,程序自动运行,工业机器人自动完成装配任务。

任务拓展

一 装配机器人

装配工作在企业生产环节中需要付出大量的人力和物力,会增加企业的生产成本。据资料统计,在工业产品生产过程中,装配工作占产品制造工作量的50%~60%,在许多场合这一比例甚至更高。例如,在电子类工厂的生产中,装配工作占制造工作量的70%~80%。手工装配是劳动密集型生产方式,其技术含量低,动作重复。随着劳动力成本的不断上涨以及现代制造业的不断升级换代，装配机器人在工业生产中应用得越来越广泛。特别是机器人的触觉和视觉系统不断改善，使得轴类件安装于孔内的准确度可以提高到0.01 mm。有些企业已逐步开始使用机器人装配比较复杂的工件，例如装配发动机、电动机、大规模集成电路板等。用机器人来实现自动化装配作业是现代化生产的必然趋势。

1.装配机器人的优点

使用机器人装配的最大优点是装配效率高，装配质量稳定，许多简单、重复的装配任务完全可以由装配机器人来完成。其优点如下：

（1）总体生产率高，使原来的装配工人从单一、枯燥、繁重的体力劳动中解放出来。

（2）具有极高的重复定位精度和装配精度，装配质量好且很稳定。

（3）机器人的加速性能好，工作循环时间短，工作节拍紧凑、稳定，操作速度快。

（4）要改变装配的产品对象和节拍，只要更改末端执行装置等少数硬件及控制系统的软件就可以了，生产柔性好。

（5）可以代替装配工人在危险的环境中完成装配任务，极大地改善了工人的工作条件。

2.装配机器人的发展状况

从世界角度来看，装配机器人的发展主要经历了起步阶段、推广应用阶段和普及阶段。由于各个国家的具体情况不同，经历这三个阶段的时间先后和持续的时间长短也有所区别。

我国装配机器人的研究起步时间并不太晚，从20世纪70年代开始。但由于种种原因，研究和推广的进度比较缓慢，直到20世纪90年代才取得了一定的成效。到目前为止，我国在装配机器人技术的研究方面已取得了一些重要成果，甚至在某些技术领域已接近国际先进水平。

近几年来，我国在汽车、电子等行业相继引进了不少配有装配机器人的先进生产线。除此之外，国内一些大专院校和科研单位也相继从国外进口了一些装配机器人，这些设备的引进为我国在相关领域的研究工作提供了重要的借鉴作用。

3.装配机器人的发展方向

装配机器人技术涉及多个学科领域，有赖于很多技术的进步。首先是智能技术，因为智能机器人是未来机器人发展的必然趋势，在智能技术的帮助下，当机器人面对非结构性的复杂环境和任务时，将具有逻辑思考能力以及主动学习经验，并能自主寻找解决方法并处理问题。

其次是多机协调技术，因为制造业的产业领域更多地体现出多机协调作业的特征，这是由现代生产规模不断扩大决定的。而当多台设备共同生产时，相互之间的协调控制就变得非常重要了。

再其次是统一的标准化技术，这是为了使各个制造商所生产的机器人之间可以互换零部件。这不仅有利于机器人的保养和维修，还对完善机器人的功能，让使用者能够根据自己的需要对机器人进行重组有着重要的意义。由于标准化工作涉及机器人生产企业的利益得失，因此进度非常缓慢。

最后，装配机器人的微型化也是一个重要的研究领域，这有赖于微型传感器、微处理器、微执行机构等电子元件集成技术的进步。

二　末端工具自动换装

为满足不同作业的需求,工业机器人在工作过程中需要进行末端工具自动换装。焊接时,需要安装焊枪;绘图时,需要安装画笔;搬运、码垛时,需要安装夹爪或吸盘。

工业机器人在自动换装末端工具时,需要确定几个关键位置点。在本项目的任务四中,工业机器人需要安装弧口夹爪,从快换工具支架上自动拾取,整个过程的关键位置包括原点位置HOME、过渡点位置pgd、取弧口夹爪上方位置qhks、取弧口夹爪位置qhk、离开快换工具支架位置qhka、离开快换工具支架过渡位置qhkb、离开快换工具支架过渡位置qhkc,其中原点位置为系统默认,其他位置需现场示教,如图3-204所示。

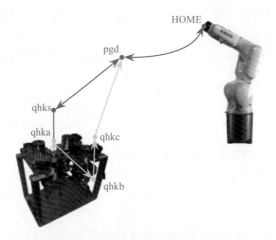

图3-204　自动换装末端工具的轨迹

工业机器人从原点位置自动拾取弧口夹爪的轨迹:HOME→pgd→qhks→qhk。工业机器人拾取弧口夹爪后自动返回原点位置的轨迹:qhk→qhka→qhkb→qhkc→pgd→HOME。其中,HOME→pgd执行关节动作模式(SPTP),其他动作执行直线动作模式(SLIN)。参考程序如图3-205所示。

```
1   DEF qhk( )
2   INI
3
4   SPTP HOME Vel=10 % DEFAULT
5   SPTP pgd Vel=10 % PDAT2 Tool[0] Base[0]
6   SPTP qhks Vel=10 % PDAT1 Tool[0] Base[0]
7   WAIT Time=0.5 sec
8   OUT 3 '' State=TRUE
9   WAIT Time=0.5 sec
10  SLIN qhk Vel=0.5 m/s CPDAT1 Tool[0] Base[0]
11  WAIT Time=0.5 sec
12  OUT 3 '' State=FALSE
13  WAIT Time=0.5 sec
14  SLIN qhka Vel=0.5 m/s CPDAT2 Tool[0] Base[0]
15  SLIN qhkb Vel=0.5 m/s CPDAT3 Tool[0] Base[0]
16  SLIN qhkc Vel=0.5 m/s CPDAT4 Tool[0] Base[0]
17  SPTP pgd Vel=10 % PDAT3 Tool[0] Base[0]
18  SPTP HOME Vel=10 % DEFAULT
19
20  END
21
```

图3-205　自动换装末端工具的程序

练习与思考

一、填空题

1.装配机器人是为完成装配操作而设计制造的工业机器人,它由_____、_____、_____、_____和_____组成。

2.I/O信号的功能:"1"表示_____,"2"表示_____,"3"表示_____。

二、简答与编程题

1.简述装配机器人的优点。

2.手动将夹爪装配到机械臂上,由工业机器人抓取波发生器并将其装配到柔轮中,再将轴套装配到柔轮上的波发生器中,完成柔轮组件的装配。轴套、波发生器、柔轮的初始位置如图3-206所示。

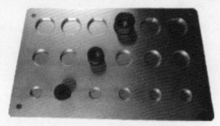

图3-206　工件的初始位置

参考文献

[1] 郑丽梅,邓三鹏,吴年祥,高月辉.工业机器人应用编程(博诺)(中高级)[M].北京:机械工业出版社,2023.

[2] 邓三鹏,许怡赦,吕世霞.工业机器人技术应用[M].北京:机械工业出版社,2020.

[3] 兰虎,鄂世举.工业机器人技术及应用[M].2版.北京:机械工业出版社,2020.

[4] 许怡赦.KUKA工业机器人编程与操作[M].北京:机械工业出版社,2019.

[5] 魏雄冬.工业机器人虚拟仿真实例教程:KUKA.Sim Pro[M].北京:化学工业出版社,2021.